U0324546

美丽中国

强国书系

钱勇 编著

人民日报出版社
北　京

图书在版编目（CIP）数据

美丽中国：强国书系 / 钱勇编著. — 北京：人民日报出版社，2022.5
ISBN 978-7-5115-7333-9

Ⅰ.①美…　Ⅱ.①钱…　Ⅲ.①生态环境建设－中国－学习参考资料
Ⅳ.①X321.2

中国版本图书馆CIP数据核字（2022）第058990号

书　　名：美丽中国：强国书系
MEILI ZHONGGUO：QIANGGUO SHUXI
作　　者：钱　勇　编著

出 版 人：刘华新
策 划 人：欧阳辉
责任编辑：寇　诏　刘　悦
装帧设计：观止堂_未　氓
版式设计：九章文化

出版发行：人民日报出版社
社　　址：北京金台西路2号
邮政编码：100733
发行热线：（010）65369509　65369527　65369846　65369512
邮购热线：（010）65369530　65363527
编辑热线：（010）65363105
网　　址：www.peopledailypress.com
经　　销：新华书店
印　　刷：北京盛通印刷股份有限公司
法律顾问：北京科宇律师事务所　010-83622312

开　　本：710mm×1000mm　1/16
字　　数：204千字
印　　张：14.75
版次印次：2022年6月第1版　　2022年6月第1次印刷

书　　号：ISBN 978-7-5115-7333-9
定　　价：48.00元

序

在美丽中国中感悟思想伟力、制度活力和民族创造力

环境就是民生，青山就是美丽，蓝天也是幸福。中华民族向来尊重自然、热爱自然，天人合一、诗意栖居是中华民族传承几千年的精神追求。走向生态文明新时代，建设美丽中国是实现中华民族伟大复兴中国梦的重要内容。党的十八大以来，以习近平同志为核心的党中央站在坚持和发展中国特色社会主义、实现中华民族伟大复兴中国梦的战略高度，把生态文明建设摆在党和国家工作全局的重要位置、摆在治国理政的突出位置，以前所未有的力度抓生态文明建设，开展了一系列根本性、开创性、长远性工作，全党全国推动绿色发展的自觉性和主动性显著增强，美丽中国建设迈出重大步伐，人与自然和谐共生的美丽画卷正在徐徐展开。

今天的中国，人民群众身边的蓝天白云、清水绿岸显著增多，天蓝、地绿、水净日益成为常态，吃得放心、住得安心得到有效保障。2021年，全国地级及以上城市PM2.5（细颗粒物）平均浓度下降到30微克/立方米，优良天数比率为87.5%；全国地表水Ⅰ—Ⅲ类断面比例为84.9%，我国水环境各项指标已经接近或达到中等发达国家水平；全国受污染耕地安全利用率和污染地块安全利用率均超过90%，全面禁止进口“洋垃圾”；森林覆

盖率和森林蓄积量连续30年保持“双增长”，自然保护地面积占全国陆域国土面积的18%，初步划定的生态保护红线面积约占陆域国土面积的25%，90%的陆地生态系统类型和71%的国家重点保护野生动植物物种得到有效保护。人们的“环境幸福指数”不断上扬，生态环境获得感、幸福感、安全感不断增强，良好生态环境日益成为人民群众幸福生活的增长点。

今天的中国，生态文明建设是“五位一体”总体布局的其中一位，坚持人与自然和谐共生是新时代坚持和发展中国特色社会主义基本方略中的其中一条，绿色发展是新发展理念中的其中一项，污染防治是三大攻坚战中的其中一战，美丽中国是到本世纪中叶建成社会主义现代化强国目标中的其中一个。党的十八大以来，生态环境保护措施之实前所未有、力度之大前所未有、成效之显著前所未有，生态文明“四梁八柱”性质的制度体系基本形成，污染防治攻坚战阶段性目标任务圆满完成，解决了许多长期想解决而没有解决的难题，办成了许多过去想办而没有办成的大事，我国生态环境保护发生历史性、转折性、全局性变化，为全面建成小康社会增添了绿色底色和质量成色，是党领导人民奋斗百年辉煌历史的重要篇章。

今天的中国，生态文明理念和生态环境保护成就得到国际社会广泛认可，在应对气候变化、生物多样性丧失等全球生态环境挑战中的引领作用日益凸显，在全球环境治理体系中的话语权和影响力不断提升，成为全球生态文明建设的参与者、贡献者、引领者。我国光伏、风能装机容量、发电量均居世界首位，是全球能耗强度降低最快的国家之一；在全球2000年到2017年新增绿化面积中贡献比例居全球首位，是对全球臭氧层保护贡献最大的国家。我国提前实现联合国《生物多样性公约》“爱知目标”所确定的自然保护地占陆域国土面积17%的目标要求，提前实现了联合国提出的到2030年实现土地退化零增长目标，如期实现2020年非化石能源消费占比达到15%的承诺，提前并超额完成了向国际社会承诺的到2020年下降40%—45%的目标，创造了最大发展中国家在经济社会快速发展的同时有效保护生态环境的成功实践，取得了举世瞩目的绿色发展奇迹。

美丽中国建设迈出重大步伐，充分彰显了习近平生态文明思想的真理伟力、实践伟力。思想是行动的先导，理论是实践的指南。党的十八大以来，我国生态文明建设历史性成就的取得，根本在于习近平总书记的领航掌舵，在于以习近平同志为核心的党中央的坚强领导，在于习近平生态文明思想的真理力量。习近平生态文明思想是党领导人民推进生态文明建设取得的标志性、创新性、战略性重大理论成果，是习近平新时代中国特色社会主义思想的重要组成部分，是推动新时代生态文明建设事业不断向前发展的科学指南。实践是检验真理的唯一标准，一个个亮丽数据、一份份优秀成绩单，为习近平生态文明思想的真理伟力、实践伟力提供了生动诠释。

美丽中国建设迈出重大步伐，充分彰显了中国特色社会主义的强大活力。我国建设社会主义现代化具有许多重要特征，其中之一就是我国现代化是人与自然和谐共生的现代化，注重同步推进物质文明建设和生态文明建设。回望历史，我们党始终坚持初心使命，始终坚持人民至上，始终坚持理论创新，始终坚持中国道路，始终坚持胸怀天下，始终坚持开拓创新，不断深化对人与自然基本规律的认识，领导人民在正确处理人口与资源、经济发展与环境保护关系等方面不懈探索，推动生态环境保护事业从无到有、不断壮大，取得辉煌成就，正在走出一条人与自然和谐共生的中国式现代化道路，成为“中国之治”的重要体现，为中国特色社会主义道路自信、理论自信、制度自信、文化自信提供了生动注脚。

美丽中国建设迈出重大步伐，充分彰显了中华民族的非凡创造力。历史是由人民群众创造的。党的十八大以来，全国各族人民和各地区、各部门，在党的领导下，在习近平生态文明思想的科学指引下，奋发作为，坚定不移走生产发展、生活富裕、生态良好的文明发展道路，推动物质文明、政治文明、精神文明、社会文明、生态文明协调发展，创造了中国式现代化新道路，创造了人类文明新形态，为维护全球生态安全、推动全球可持续发展、建设清洁美丽世界提供了中国智慧、中国方案，作出了中国贡献。

进入新时代。良好生态环境是最公平的公共产品，最普惠的民生福祉。随着生活水平的不断提升，人民群众对优美生态环境的需求更加迫切。党的十九大提出到2035年基本实现社会主义现代化，生态环境根本好转，美丽中国目标基本实现；到本世纪中叶，把我国建成富强民主文明和谐美丽的社会主义现代化强国。党的十九届六中全会通过的《中共中央关于党的百年奋斗重大成就和历史经验的决议》强调，生态文明建设是关乎中华民族永续发展的根本大计，必须坚持人与自然和谐共生，协同推进人民富裕、国家强盛、中国美丽。美丽中国是必须实现也一定能够实现的伟大梦想。

踏上新征程。新时代建设美丽中国的历史使命已经交给我们这代人。我们必须坚持以习近平新时代中国特色社会主义思想特别是习近平生态文明思想为指引，勇做习近平生态文明思想的坚定信仰者、忠实践行者、不懈奋斗者，保持战略定力，为建设人与自然和谐共生的美丽中国贡献力量；我们必须心怀国之大者，踔厉奋发，勇毅前行，加大生态环境保护和修复力度，持续改善生态环境质量，为人民群众提供更多的优质生态产品，为子孙后代留下绿色银行；我们必须完整、准确、全面贯彻新发展理念，服务和融入新发展格局，更加自觉地推进绿色发展、循环发展、低碳发展，以高水平保护推动高质量发展、创造高品质生活，为全面建设社会主义现代化强国夯实绿色根基，奋力抒写生态文明建设新篇章。

“天地有大美而不言。”本书围绕生态文明和美丽中国建设的重点领域，从思想之美、民生之美、绿色发展之美、自然之美、生态善治之美、生态人文之美、文明智慧之美等角度，结合各地区各方面生动鲜活的案例和大量翔实的数据，以讲故事的方式，为读者全景化地展现了党的十八大以来生态文明和美丽中国建设产生的原创性思想，开展的变革性实践，取得的历史性成就、突破性进展和标志性成果。全书注重述论结合，深入浅出地阐释生态文明和美丽中国建设实践奇迹背后的道理学理哲理，为社会各界学习领会习近平生态文明思想，认识我国生态环境保护的成就，增强美丽中国建设的信心提供重要帮助，是一本很有价值的参考书。

“雄关漫道真如铁，而今迈步从头越。”我们坚信，在以习近平同志为核心的党中央坚强领导下，在全党全国各族人民的努力下，明天的中国，必然更加美丽，更加动人！

目　录

第一章

思想之美

——深刻领悟“国之大者”，以习近平生态文明思想引领美丽中国建设

- 习近平总书记心中的“国之大者”
- 新时代生态文明建设的根本遵循和行动指南
- 奋力擘画人与自然和谐共生的美丽中国宏伟蓝图

第一节 习近平总书记心中的“国之大者”

历史的维度，铸就了格局的宏阔。

生态环境保护是功在当代、利在千秋的事业。建设生态文明，关系人民福祉，关乎民族未来。

2020年4月，习近平总书记在陕西考察调研，首站来到位于商洛市柞水县的秦岭牛背梁国家级自然保护区，考察秦岭生态环境保护情况。当谈及秦岭违建带来的深刻教训时，习近平总书记严肃指出，“从今往后，在陕西为官，首先要了解这段历史、这个教训，警钟长鸣，明白自己的职责，履行好自己的职责，当好秦岭生态的卫士，切勿重蹈覆辙”，并特别强调“各级党委和领导干部要自觉讲政治，对‘国之大者’一定要心中有数”。

一句“国之大者”，振聋发聩。这也是习近平总书记首提“国之大者”。

用历史的长镜头去端详，习近平总书记洞察深刻：“生态文明建设并不是说把多少真金白银捧在手里，而是为历史、为子孙后代去做。这些都是要写入历史的。要以功成不必在我的胸怀，真正对历史负责、对民族负责，不能在历史上留下骂名。”

“我之前去看了三江源、祁连山，这一次专门来看看青海湖。”“保护好青海生态环境，是‘国之大者’。”2021年6月在青海，习近平总书记再一次强调生态文明建设举足轻重的战略地位。

“我之所以要盯住生态环境问题不放，是因为如果不抓紧、不紧抓，任凭破坏生态环境的问题不断产生，我们就难以从根本上扭转我国生态环境恶化的趋势，就是对中华民族和子孙后代不负责任。”

生态文明建设是“国之大者”，事关中华民族长远发展、事关“两个一百年”奋斗目标的实现。

一、对“国之大者”要心中有数

天地之大，黎元为先。

人心的向背，定义了最大的政治。

2021年春天，习近平总书记来到广西全州县才湾镇毛竹山村的村民王德利家做客。“总书记，您平时这么忙，还来看我们，真的感谢您。”“我忙就是忙这些事，‘国之大者’就是人民的幸福生活。”

一段朴实的对话，饱含着“以人民为中心”的深刻哲理、真挚情怀。“人民”二字，重若千钧。

治国有常，而利民为本。

党的十八大以来，从强调“人民对美好生活的向往，就是我们的奋斗目标”，到指出“让老百姓过上好日子是我们一切工作的出发点和落脚点”，从要求“政策好不好，要看乡亲们是笑还是哭”，到提出“把为老百姓做了多少好事实事作为检验政绩的重要标准”，一句句掷地有声的话语，一个个实实在在的行动，诠释着我们党不变的初心使命，彰显着共产党人一切为了人民、一切依靠人民的价值底色。

中国特色社会主义进入新时代，我国社会主要矛盾已经发生了转化，人民群众对优美生态环境的需要日益增长。从“盼温饱”到“盼环保”，从“求生存”到“求生态”，人民群众对清新空气、清澈水质、清洁环境等生态产品的需求越来越迫切。社会主要矛盾转化标注新时代的特征，也呼唤新变革。

过去有的江边房子臭得开不了窗，而今山绿了河清了。山间江畔，斑斓大地，正一日日变着模样。

“不慕虚荣，不务虚工，不图虚名，切实做到为官一任造福一方。生态环境保护正是为民造福的百年大计。”

在一次座谈会上，习近平总书记回忆起1985年离开河北正定时的一个场景。“途经白洋淀，孙犁的《白洋淀纪事》一直在脑海里。可到了保定一打听，水全是干的。很痛心！”30多年过去了，赴雄安新区考察，习近平总书记专程到了那儿。如今，鱼翔浅底，鸟鸣枝头，水丰草茂。

习近平总书记强调，“要把解决突出生态环境问题作为民生优先领域”“美丽中国是民生事业，这一理念源自我们党全心全意为人民服务的根本宗旨”。

建设生态文明既是民意所指，也是民生所求。小康全面不全面，生态环境质量是关键，良好的生态环境是全面小康的关键一环，既能增进民生福祉，也能让群众公平享有发展成果。

生态，习近平总书记称之“我最看重的事情之一”。这些年，国内国外，习近平总书记紧抓这件事不放，将生态文明建设置于“关系中华民族永续发展的根本大计”的战略位置。

二、无论在哪里，始终念兹在兹

1969年初，15岁的习近平来到陕北梁家河村，开始了艰苦却受益终身的知青岁月。那时，群众砍伐树木烧火做饭造成了水土流失，影响农业发展。习近平带领乡亲们战天斗地，打淤地坝、建沼气池，改善人居环境，帮助农民增产增收。从那时起，习近平就认识到，“人与自然是生命共同体，对自然的伤害最终会伤及人类自己”。

从陕北农村到河北正定，从福建到浙江……无论走到哪里，习近平同志都心系生态环境保护。

在河北正定，习近平同志亲自监督整改农村“猪圈连茅厕”，设立公共厕所，修建生活垃圾池；在习近平同志主持下，河北省正定县委制订的《正定县经济、技术、社会发展总体规划》就特别强调：宁肯不要钱，也不要污染，严格防止污染搬家、污染下乡。

在闽东，为改变地区落后面貌，让当地民众摆脱贫困，习近平同志因地制宜提出“靠山吃山唱山歌，靠海吃海念海经”的“山海经”，山海田一起抓，农、林、牧、副、渔全面发展。

在福建，习近平同志亲自推动探索生态省建设，担任生态省建设领导小组组长，开启了全省最为系统、最大规模的环境保护行动。领导编制的《福建生态省建设总体规划纲要》，不仅时空跨度大，而且和经济发展结合得非常紧密，完全是为福建的未来考虑，为子孙后代考虑，为可持续发展考虑，而不是为自己任内的短期看得见的“政绩”考虑。

在浙江，习近平同志强调：不重视生态的政府是不清醒的政府，不重视生态的领导是不称职的领导，不重视生态的政府是不清醒的政府，不重视生态的干部是不称职的干部，不重视生态的企业是没有希望的企业，不重视生态的公民不能算是具备现代文明意识的公民。2005年，时任浙江省委书记习近平来安吉余村调研时，首次提出“绿水青山就是金山银山”的科学论断，让浙江拥有了可持续发展的“摇钱树”“聚宝盆”。

在上海，习近平同志要求保护好自然村落，保护好城乡的历史风貌，妥善处理好保护与发展、改造与新建的关系。

到中央工作以后，习近平同志更加强调不能只要金山银山，不要绿水青山；不能不顾子孙后代，有地就占、有煤就挖、有油就采、竭泽而渔；更不能以牺牲人的生命为代价换取一时的发展。

无论在地方还是在中央，每一处，习近平同志都始终保持对生态文明建设的深邃思考和明确要求，念兹在兹，持续推动。

三、祖国的山水，见证了总书记的情怀

建设生态文明不是喊出来的，而是干出来的。党的十八大以来，习近平总书记对生态文明建设倾注了巨大心血，每到地方考察，生态文明建设一直是一项重要议程。

2012年12月，习近平担任总书记后首次赴外地考察时就谆谆告诫：“我们在生态环境方面欠账太多了，如果不从现在起就把这项工作紧紧抓起来，将来会付出更大的代价。在这个问题上，我们没有别的选择。”

2014年2月，习近平总书记考察北京时强调：“环境治理是一个系统工程，必须作为重大民生实事紧紧抓在手上。”

2016年8月，习近平总书记考察青海时强调：“生态保护是国家的一个战略性考虑，对国家的战略意义太大、太重要了，中国要发展，一定要把生态文明建设搞上去。”

“中华水塔”青海三江源，美得如一幅浓墨重彩的山水画。习近平总书记谈及它的使命：“要想一想这里是国内生产总值重要还是绿水青山重要？作为水源涵养地，承担着生态功能最大化的任务，而不是自己决定建个工厂、开个矿，搞点国内生产总值自己过日子。”“党中央看问题，都是从大处着眼，一个地方最重要的使命是什么。”

2018年6月，习近平总书记考察山东时强调：“良好生态环境是经济社会持续健康发展的重要基础，要把生态文明建设放在突出地位，把绿水青山就是金山银山的理念印在脑子里、落实在行动上，统筹山水林田湖草系统治理，让祖国大地不断绿起来、美起来。”

2020年3月，在疫情防控形势持续向好后，习近平总书记赴地方考察经济社会发展，把安吉余村、把西溪湿地都作为重要目的地，对外传递了明确的信号：无论形势多困难、挑战多严峻，中国将始终坚定不移地走绿色发展之路。

2022年1月，春节前夕，习近平总书记考察山西，在关心冬季供电供

暖保障的同时，也强调："要积极稳妥推动实现碳达峰碳中和目标，为实现第二个百年奋斗目标、推动构建人类命运共同体作出应有贡献。"

祖国的山山水水见证了习近平总书记心系中华民族永续发展的情怀。

从秦岭、祁连山到贺兰山，从汾河岸边、乌江化屋码头到漓江杨堤，从阿尔山林区、八步沙林场到雄安新区"千林秀林"，从洱海、青海湖到查干湖，从延边光东村水稻基地到建三江七星农场，从江都水利枢纽到丹江口水库，从长江源村到黄河入海口……习近平总书记走遍了全国31个省（自治区、直辖市）和新疆生产建设兵团。

习近平总书记对各地的生态环境情况都了然于心、深思细究，对很多地域的生态环境保护工作指引方向、寄予期望：

希望海南处理好发展和保护的关系，着力在"增绿""护蓝"上下功夫，为全国生态文明建设作个表率；

努力建设机制活、产业优、百姓福、生态美的新福建；

努力成为生态文明建设排头兵，谱写好中国梦的云南篇章；

良好生态环境是东北地区经济社会发展的宝贵资源，也是振兴东北的一个优势。要把保护生态环境摆在优先位置，坚持绿色发展；

要加快构建生态文明体系，做好治山理水、显山露水的文章，打造美丽中国"江西样板"；

甘肃是黄河流域重要的水源涵养区和补给区，要首先担负起黄河上游生态修复、水土保持和污染防治的重任；

长三角地区是长江经济带的龙头，不仅要在经济发展上走在前列，也要在生态保护和建设上带好头；

保护好西藏生态环境，利在千秋、泽被天下。切实保护好地球第三极生态；

…………

循着习近平总书记的足迹，我们理应读懂生态环境保护、生态文明建设是"国之大者"。循着习近平总书记的足迹，山水林田湖草，祖国山川生机盎然，我们赖以生存的家园正变得越来越美。

四、得其大者可以兼其小

小兴安岭深处，习近平总书记驻足于参天古树下，久久凝思，感慨“时间的川流不息”。广西古村落，对年代久远的老树，总书记坦言“有敬畏之心”。

“生态的事，关键是站在什么角度看问题。”立足一域看，还是站在国家整体去看？孤立地看，还是辩证系统地去看？“得其大者可以兼其小。”习近平总书记多次引用的这句话，也是一以贯之的方法论。

“国之大者”，“大”在全局、“大”在长远。

2020年10月，中央党校（国家行政学院）中青年干部培训班开班式上，习近平总书记语重心长：“领导干部想问题、作决策，一定要对国之大者心中有数，多打大算盘、算大账，少打小算盘、算小账，善于把地区和部门的工作融入党和国家事业大棋局，做到既为一域争光、更为全局添彩。”

生态环境保护不是简单的“看护”，需要在国家大棋盘里积极作为。习近平总书记叮嘱道：“在全国大格局中的职责怎么样？我们说保持定力，就在这里。要有定盘星，坚定不移贯彻新发展理念、推动高质量发展，不能笼统、简单、概念化喊口号。决不能再走老路，回到老做法、老模式上去。”“领导干部要加强经济学知识、科技知识学习，特别是要悟透以人民为中心的发展思想，坚持正确政绩观，敬畏历史、敬畏文化、敬畏生态，慎重决策、慎重用权。”

我们要深怀对自然的敬畏之心，尊重自然、顺应自然、保护自然，构建人与自然和谐共生的地球家园。

建设生态文明，打造美丽中国，既要有方法，也要有情怀，既要靠物质，也要靠精神。习近平生态文明思想是生态价值观、认识论、实践论和方法论的总集成，是指导生态文明建设的总方针、总依据和总要求，为奋力开创美丽中国建设新局面注入强大精神动力。在习近平生态文明思想指引下，14亿中国人正以久久为功的精神推进美丽中国建设，为子孙后代呵护一个天蓝、地绿、水清的美好家园！

学习金句

保护好青海生态环境，是“国之大者”。要牢固树立绿水青山就是金山银山理念，切实保护好地球第三极生态。要把三江源保护作为青海生态文明建设的重中之重，承担好维护生态安全、保护三江源、保护“中华水塔”的重大使命。要继续推进国家公园建设，理顺管理体制，创新运行机制，加强监督管理，强化政策支持，探索更多可复制可推广经验。要加强雪山冰川、江源流域、湖泊湿地、草原草甸、沙地荒漠等生态治理修复，全力推动青藏高原生物多样性保护。要积极推进黄河流域生态保护和高质量发展，综合整治水土流失，稳固提升水源涵养能力，促进水资源节约集约高效利用。

——2021年6月习近平总书记在青海考察时的讲话

第二节 新时代生态文明建设的根本遵循和行动指南

2018年5月18日至19日，全国生态环境保护大会在北京召开。大会取得的“一个标志性成果”，就是正式确立习近平生态文明思想。习近平生态文明思想是习近平新时代中国特色社会主义思想的重要组成部分，内涵丰富、博大精深、深中肯綮，深刻回答了“为什么建设生态文明、建设什么样的生态文明、怎样建设生态文明”的重大理论和实践问题，推动我国生态文明建设从认识到实践发生历史性、转折性、全局性变化。

习近平生态文明思想是一个系统完整、逻辑严密的科学理论体系，并在发展中不断完善，充分体现了新思想的科学性、指导性和实践性的理论特质，充分展示了生态文明建设的实践伟力。

一、坚持党对生态文明建设的全面领导

党政军民学，东西南北中，党是领导一切的。

中国共产党领导是中国特色社会主义最本质的特征，是中国特色社会主义制度的最大优势，是党和国家的根本所在、命脉所在，是全国各族人民的利益所系、命运所系。

回望历史，中国共产党人不断深化对人与自然基本规律的认识，领导

人民在正确处理人口与资源、经济发展与环境保护关系等方面不懈探索。

从党的十八大到党的十九大，“中国共产党领导人民建设社会主义生态文明”“增强绿水青山就是金山银山的意识”依次写入党章。在2018年的全国两会上，“生态文明建设”载入国家宪法。

从无到有、不断壮大，党领导生态环境保护事业取得辉煌成就，谱写了党百年辉煌历史的重要篇章。实践反复证明，党的领导是生态文明建设的最大政治优势和根本政治保障。

习近平总书记强调：“生态环境是关系党的使命宗旨的重大政治问题，也是关系民生的重大社会问题。”各级党委和政府要坚决扛起政治责任，凝聚起全社会共同推进生态文明建设的强大力量。

二、坚持生态兴则文明兴

2013年5月24日，在主持十八届中共中央政治局第六次集体学习时，习近平总书记以其关心人类文明发展前途的宏阔视野，强调：“历史地看，生态兴则文明兴，生态衰则文明衰。”

这是对人类文明发展规律的深刻总结，是对生态与文明关系的鲜明阐释，是对马克思主义生态观的丰富发展。这一观点，从人类文明演进的视角，对生态环境与文明形态关系变化作出了精辟总结。

以史为鉴，可以知兴替。历史上凡是凌驾于自然之上的人类行为，都受到来自大自然的惩罚。四大文明古国均发源于森林茂密、水量丰沛、田野肥沃的地区，而生态环境衰退特别是严重的土地荒漠化则导致古埃及、古巴比伦衰落。我国唐代中叶以来，经济中心逐步向东、向南转移，在很大程度上也同西部地区生态环境变迁有关。

放眼人类文明，审视当代中国。在迈向第二个百年奋斗目标的伟大征途中，中华民族如何永续发展？中华文明能否再铸辉煌？

习近平总书记以其深邃的历史观作出回答：“生态环境是人类生存和

发展的根基，生态环境变化直接影响文明兴衰演替。”

事关生态的抉择，蕴含着文明兴衰的历史逻辑。我们必须站在中华民族永续发展的高度，更加全面地把握生态与文明的关系，大力推进生态文明建设，奋力实现中华民族伟大复兴的中国梦。

三、坚持人与自然是生命共同体

“人与自然和谐共生”，这是源远流长的中华文明精粹，延续了“天人合一”“道法自然”的文明根脉。

当人类合理利用、友好保护自然时，自然的回报常常是慷慨的；当人类无序开发、粗暴掠夺自然时，自然的惩罚必然是无情的。恩格斯深刻指出：“我们不要过分陶醉于我们人类对自然界的胜利。对于每一次这样的胜利，自然界都对我们进行报复。”

始建于战国时期的都江堰，距今已有2000多年历史，就是根据岷江的洪涝规律和成都平原悬江的地势特点，因势利导建设的大型生态水利工程，不仅造福当时，而且泽被后世。

人与自然是生命共同体，人类对大自然的伤害最终会伤及人类自身，这是无法抗拒的规律。

大自然是生命之母，孕育抚养了人类，人与自然是生命共同体，人类必须敬畏自然、尊重自然、顺应自然、保护自然，人与自然和谐共生是实现永续发展的基础。

四、坚持良好生态环境是最普惠的民生福祉

“民之所好好之，民之所恶恶之。”习近平总书记强调，“发展经济是为了民生，保护生态环境同样也是为了民生”“坚持生态惠民、生态利民、生态为民，重点解决损害群众健康的突出环境问题”。

重污染天气，黑臭水体，垃圾围城……

在各地，围绕这些民心之痛、民生之患，一个战役一个战役打，老百姓实实在在感受到生态环境质量逐渐改善。

蔚蓝的天空将北京2022冬奥会运动员在冰雪赛场上的表现衬托得更加精彩纷呈。

“去办事的路上，神不知鬼不觉地走进了公园，只因蓝天太美！”在市民颜女士的“随手拍”中，天空更是美如一幅画。

曾几何时，雾霾不时爆表。如今，随处可见市民拿起手机拍下这醉人的景色，“北京蓝”已经成为常态。

杭州城西的西溪湿地这块“天堂绿肺”曾满目疮痍。作为见证西溪变迁的居民，周忠伟有自己的“私人感受”：“我小时候的梦里水乡也回来了。”

“环境就是民生，青山就是美丽，蓝天也是幸福。”习近平总书记一语道破环境与民生的关系。必须坚持以人民为中心的发展思想，满足人民群众对良好生态环境的新期待，提升人民群众获得感、幸福感。

五、坚持绿水青山就是金山银山

2005年，浙江安吉余村的村民们正犹豫发展之路，时任浙江省委书记习近平同志调研时点明方向：“绿水青山就是金山银山！”

这短短10个字，闪耀着习近平同志对生态环境保护和经济发展之间关系的深邃思考——

“保护生态环境就是保护生产力，改善生态环境就是发展生产力。”

“良好生态本身蕴含着无穷的经济价值，能够源源不断创造综合效益，实现经济社会可持续发展。”

“生态环境保护的成败归根到底取决于经济结构和经济发展方式。”

…………

2020年，习近平总书记再次来到安吉余村调研，在山庄小院里对村民们说："生态本身就是一种经济，你保护生态，生态也会回馈你。"15年来，余村坚定践行这一理念，走出了一条生态美、产业兴、百姓富的可持续发展之路。

发展经济不能对资源和生态环境竭泽而渔，生态环境保护也不是舍弃经济发展而缘木求鱼，而是要坚持在发展中保护、在保护中发展，实现经济社会发展与人口、资源、环境相协调，使绿水青山产生巨大生态效益、经济效益、社会效益。

六、坚持全面推动绿色发展

绿色发展是发展观的一场深刻革命，就其要义来讲，是要解决好人与自然和谐共生问题。

习近平总书记多次强调，"坚定不移走生态优先、绿色发展之路""在经济发展中促进绿色转型、在绿色转型中实现更大发展"。

云南华坪县坚持探索从"黑色经济"向"绿色经济"转型，破解"经济发展带来环境破坏"悖论。

宝武钢铁集团把降碳作为源头治理的"牛鼻子"，优化能源结构，大幅降低能源消耗强度，力争2023年实现碳达峰。

近年来，我国绿色发展成效逐步显现，目前煤炭消费比重下降到56%左右，清洁能源比重上升至25.3%……

经济发展方式在转变，人们的生活方式也在变。中汽协公布数据显示，2021年，我国新能源汽车产销量分别达354.5万辆和352.1万辆，同比增长均为1.6倍。

生态环境问题归根到底是发展方式和生活方式问题。绿色发展是构建高质量现代化经济体系的必然要求，是解决污染问题的根本之策。要坚持不懈推动绿色低碳发展，促进经济社会发展全面绿色转型，让绿色成为普遍形态，推动实现更高质量、更有效率、更加公平、更可持续、更为安全的发展。

七、坚持山水林田湖草沙一体化保护和系统治理

人的命脉在田，田的命脉在水，水的命脉在山，山的命脉在土，土的命脉在林和草。生态是统一的自然系统，是相互依存、紧密联系的有机链条。

2013年，习近平总书记创造性提出：“山水林田湖是一个生命共同体。”随着实践拓展，这一理念进一步发展完善，“草”“沙”“冰”这些要素陆续加入进来。

生态系统是一个有机生命躯体，保护生态环境，不能头痛医头、脚痛医脚，各管一摊、相互掣肘，而必须统筹兼顾、整体施策、多措并举。

“比如，治理好水污染、保护好水环境，就需要全面统筹左右岸、上下游、陆上水上、地表地下、河流海洋、水生态水资源、污染防治与生态保护，达到系统治理的最佳效果。”习近平总书记耐心讲解。

这是对生态系统观念的生动阐释。

要从生态系统整体性出发，推进山水林田湖草沙一体化保护和修复，更加注重综合治理、系统治理、源头治理，从而达到增强生态系统循环能力、维护生态平衡的目标。

八、坚持用最严格制度最严密法治保护生态环境

奉法者强则国强，奉法者弱则国弱。

我国生态环境保护中存在的突出问题，大多同体制不健全、制度不严格、法治不严密、执行不到位、惩处不得力有关。

推动绿色发展，建设生态文明，重在建章立制。

2015年，“史上最严”环保法实施，建立了按日连续计罚、限产停产等罚则，被认为“长出了铁齿钢牙”。

大气、水、土壤污染防治法陆续制修订，环境保护法律体系不断完善。

源头严防、过程严管、后果严惩，几十项涉及生态文明建设的改革方案相继出台，搭建起生态文明体制的“四梁八柱”……

一年复一年，一步又一步，生态文明建设有了可靠的制度与法治保障。

习近平总书记强调，“用最严格制度最严密法治保护生态环境”“严格用制度管权治吏、护蓝增绿，有权必有责、有责必担当、失责必追究”。

严字当头，动真碰硬。

必须加快制度创新，增加制度供给，完善制度配套，强化制度执行，让制度成为刚性的约束和不可触碰的高压线，把生态文明建设纳入制度化、法治化轨道。

九、坚持建设美丽中国全民行动

“小龙虾壳是干垃圾还是湿垃圾？”“猪可以吃的是湿垃圾，猪不能吃的是干垃圾”……这几年，垃圾分类成为绿色低碳新时尚。

不独如此。

“餐饮浪费现象，触目惊心、令人痛心！”厉行节约、反对浪费，“光盘行动”蔚然成风。

“保温箱千万别扔，我下午来收。”循环使用的快递保温箱，成为邮政快递企业推进快递包装绿色化的一种尝试。

全民参与的绿色生活，越来越成为美丽中国建设的热点。

习近平总书记指出：“每个人都是生态环境的保护者、建设者、受益者，没有哪个人是旁观者、局外人、批评家，谁也不能只说不做、置身事外。”

要增强全民节约意识、环保意识、生态意识，培育生态道德和行为准则，开展全民绿色行动，动员全社会都以实际行动减少能源资源消耗和污染排放，为生态环境保护作出贡献。

众人拾柴火焰高。美丽中国并非抽象概念，绿色生活就在身边——无论是光盘行动，还是绿色出行，无论是节水节电，还是植树造林，只要行动起来，每一粒微光，每一滴雨露，都将汇聚成美丽中国的星辰大海。

十、坚持共谋全球生态文明建设

“不要选择灭绝。在太晚之前，拯救你们自己。是时候了，人类应该停止寻找借口，开始改变。”

这是联合国短片中，一头恐龙对人类的严正警告。

地球是人类的共同家园。气候变化、生物多样性丧失、荒漠化加剧和极端天气频发，给人类生存和发展带来严峻挑战。面对生态环境挑战，人类是一荣俱荣、一损俱损的命运共同体，没有哪个国家能独善其身。

“众力并，则万钧不足举也。”唯有携手合作，并肩同行，我们才能有效应对全球性环境问题，共同呵护好地球家园，把一个清洁美丽的世界留给子孙后代。

大道至简，实干为要。

率先发布《中国落实2030年可持续发展议程国别方案》，设立中国气候变化南南合作基金，推动达成应对气候变化《巴黎协定》，承办联合国《生物多样性公约》第十五次缔约方大会……

在习近平生态文明思想的指引下，中国以实际行动推动完善全球环境治理，已成为全球生态文明建设的重要参与者、贡献者、引领者，推动构建人类命运共同体。

学习心得

习近平生态文明思想是习近平新时代中国特色社会主义思想的重要组成部分，系统回答了为什么建设生态文明、建设什么样的生态文明、怎样建设生态文明等重大理论和实践问题。对于生态环境保护而言，习近平生态文明思想既是重要的价值观又是重要的方法论，是做好工作的指南针和金钥匙。要认真学习、深入领会、坚决贯彻，做到入耳入脑入心、真学真懂真信真用，不断将学习的成效转化为认识问题、研究问题、解决问题的立场和能力。[①]

① 孙金龙.为建设美丽中国凝聚奋进力量[J].党建(3).

第三节 奋力擘画人与自然和谐共生的美丽中国宏伟蓝图

回眸“十三五”，以习近平同志为核心的党中央以前所未有的力度抓生态文明建设，把生态文明建设摆在党和国家工作全局的重要位置。

在“五位一体”总体布局中，生态文明建设是其中一位；

在新时代坚持和发展中国特色社会主义的基本方略中，坚持人与自然和谐共生是其中一条；

在新发展理念中，绿色是其中一项；

在三大攻坚战中，污染防治是其中一战；

在到本世纪中叶建成社会主义现代化强国目标中，美丽中国是其中一个。

措施之实前所未有、力度之大前所未有、成效之显著前所未有，生态环境保护交出一份亮眼的成绩单：

全国地级及以上城市优良天数比例达到87.5%；

全国地表水Ⅰ—Ⅲ类断面比例上升至84.9%，饮用水安全得到保障，城市黑臭水体基本消除；

全国受污染耕地安全利用率和污染地块安全利用率双双超过90%；

森林覆盖率和森林蓄积量连续30年保持“双增长”；

…………

中华大地满眼蓝天白云、繁星闪烁，清水绿岸、鱼翔浅底，鸟语花香、田园风光，碧海蓝天、洁净沙滩，一幅美丽中国的瑰丽画卷正在徐徐展开。

展望“十四五”，习近平总书记指出，我国生态文明建设进入了以降碳为重点战略方向、推动减污降碳协同增效、促进经济社会发展全面绿色转型、实现生态环境质量改善由量变到质变的关键时期。

将“生态文明建设实现新进步”作为“十四五”时期经济社会发展主要目标之一；

将“广泛形成绿色生产生活方式，碳排放达峰后稳中有降，生态环境根本好转，美丽中国建设目标基本实现”，作为到2035年基本实现社会主义现代化的远景目标之一；

“十四五”规划纲要中，设专篇对“推动绿色发展，促进人与自然和谐共生”作出具体部署和安排，明确要求实施可持续发展战略，推动经济社会发展全面绿色转型，建设美丽中国。

蓝图已经绘就，奋斗书写辉煌。

一、坚定不移走绿色低碳发展之路

首次全部场馆使用100%绿色电能、首次采用二氧化碳制冰技术、首次实现场馆热能再利用、首次完成“水冰转换”的“双奥场馆”建设……

北京2022冬奥会，是一届实现碳中和的奥运会，必将为推进中国乃至全球绿色低碳发展作出样板。

2021年2月，国务院印发《关于加快建立健全绿色低碳循环发展经济体系的指导意见》，明确要全方位全过程推行绿色规划、绿色设计、绿色投资、绿色建设、绿色生产、绿色流通、绿色生活、绿色消费。

2022年1月24日，十九届中共中央政治局开年第一次集体学习，主题落在碳达峰碳中和。习近平总书记强调，推进“双碳”工作，必须坚持全国统筹、节约优先、双轮驱动、内外畅通、防范风险的原则，更好地发挥我国制度优势、资源条件、技术潜力、市场活力，加快形成节约资源和保护环境的产业结构、生产方式、生活方式、空间格局。

2022年初地方两会上，多地公布了绿色低碳发展的“施工图”。

北京将推动减污降碳协同增效，稳步推进碳中和行动；

上海将启动崇明碳中和岛、长兴低碳岛、横沙零碳岛建设，积极打造碳中和示范区；

浙江提出实施全面节约战略，推进资源节约集约循环利用，倡导简约适度、绿色低碳的生活方式；

…………

推动经济社会发展全面绿色转型，各地正在迈出坚实步伐。

一系列具体实践和举措，为各地推进工作凝聚了力量、增强了信心、指明了方向，将持续助力我国实现碳达峰目标和碳中和愿景。

“十四五”期间，要自觉把生态环境保护工作融入经济社会发展大局，认真落实党中央、国务院关于碳达峰碳中和工作部署，推动建立健全绿色低碳循环发展的经济体系，统筹推进区域绿色协调发展，加快形成节约资源和保护环境的产业结构、生产方式、生活方式、空间格局。

二、以更高标准绘就天蓝、地绿、水清崭新画卷

2021年11月，中共中央、国务院印发《关于深入打好污染防治攻坚战的意见》，对“十四五”时期进一步加强生态环境保护、深入打好污染防治攻坚战作出全面部署。

从坚决打好污染防治攻坚战，到深入打好污染防治攻坚战，一词之变，意味着污染防治涉及的领域更广、要求更高、标准更严，工作需要更深入。

“十四五”开局之年，各地坚持生态优先、绿色发展，突出重点、落细措施，持续推动生态环境质量改善，攻坚战实现良好开局。

北京市空气质量首次全面达标；辽宁省空气质量首次达到国家标准，创历史最高水平；江苏省PM2.5年均浓度首次以省为单位达到国家环境空气质量二级标准……

习近平总书记强调："要巩固污染防治攻坚成果，坚持精准治污、科学治污、依法治污，以更高标准打好蓝天、碧水、净土保卫战，以高水平保护推动高质量发展、创造高品质生活，努力建设人与自然和谐共生的美丽中国。"

新形势赋予新使命，新要求亟须新对策。

在上海、昆明等地，雨水初级处理试点已展开；在浙江，河湖生态缓冲带正助力水生态修复；在嘉陵江、汾河等重点水域，农业面源污染长期观测已经起步……

碧水保卫战思路正在由污染治理为主向水资源、水生态、水环境等流域要素系统治理、统筹推进转变，补短板的工作正在提速。

深入打好污染防治攻坚战，要以改善生态环境质量为核心，坚持精准治污、科学治污、依法治污，保持力度、延伸深度、拓宽广度，以更高标准打好蓝天、碧水、净土保卫战，不断满足人民群众日益增长的优美生态环境需要。

三、持续推进生态保护与修复

"八步沙，八步沙，八步沙边上是我家，自从有了六老汉，留住了子孙治住了沙……"三代愚公志，黄沙变绿颜。

陕西省洋县，红首白羽的朱鹮在稻田上空翩翩起舞，这一珍稀鸟类已由发现之初的7只增长到5000多只……

春去夏来，花明柳媚，姹紫嫣红，神州大地舒展人与自然和谐共生的美丽画卷。

生态之变源自理念之变、行动之变。

习近平总书记指出："大自然是包括人在内一切生物的摇篮，是人类赖以生存发展的基本条件。大自然孕育抚养了人类，人类应该以自然为根，尊重自然、顺应自然、保护自然。"

2021年10月，中办、国办印发《关于进一步加强生物多样性保护的意见》，明确以"有效应对生物多样性面临的挑战、全面提升生物多样性保护水平"为目标。

《生物多样性公约》第十五次缔约方大会领导人峰会上，习近平主席宣布，正式设立三江源、大熊猫、东北虎豹、海南热带雨林、武夷山等第一批国家公园。

2020年，国家发展改革委、自然资源部联合印发《全国重要生态系统保护和修复重大工程总体规划（2021—2035年）》，明确到2035年，通过大力实施重要生态系统保护和修复重大工程，全面加强生态保护和修复工作。

作为国家重点治理的"三河三湖"之一，八百里巢湖经过多年湿地保护修复，已是青山环绕，水天一色。2021年，自然资源部等三部委公布10个"山水林田湖草沙一体化保护和修复工程"，巢湖是全国唯一入选的湖泊。

未来，提升生态系统质量和稳定性，必须坚持山水林田湖草沙一体化保护和系统治理，实施重要生态系统保护修复和生物多样性保护重大工程，不断强化生态保护监管，完善以国家公园为主体的自然保护地体系，构筑生物多样性保护网络。

四、加快构建现代环境治理体系

2022年1月，国家发展改革委、生态环境部、水利部印发指导意见，推动建立太湖流域生态保护补偿机制，为全国流域水环境综合协同治理打造示范样板。

发挥生态补偿机制撬动作用，是现代环境治理体系升级的一个缩影。

2021年8月，中央全面深化改革委员会第二十一次会议强调，要深入推进生态文明体制改革，加快构建现代环境治理体系，全面强化法治保障，健全环境经济政策，完善资金投入机制。

构建党委领导、政府主导、企业主体、社会组织和公众共同参与的现代环境治理体系，旨在为推动生态环境根本好转、建设生态文明和美丽中国提供有力制度保障。

宁夏明确加强政务诚信建设和健全企业信用建设制度，建立健全环境治理政务失信记录和完善企业环保信用评价制度。

黑龙江哈尔滨市阿城区石材矿山长期无序开采，生态环境破坏问题突出；贵州安顺夏云工业园区违法问题突出，环境污染严重……2022年1月，第二轮第五批中央生态环境保护督察组，公开通报了一些典型案例，推动当地党委和政府迅速采取行动，整治相关问题。生态环境保护督察已经成为健全环境治理领导责任体系的重要手段。

2020年3月，中办、国办印发《关于构建现代环境治理体系的指导意见》，要求充分调动各类主体参与环境治理的积极性，综合运用多种环境治理手段，不断加强环境治理能力建设。

四川省印发《关于建立健全生态环境问题发现机制的实施意见》，构建来信、来访、网络、电话、新媒介“五位一体”信访举报网络，实施环境违法举报奖励制度。

到2025年，全面提升生态环境治理现代化水平，应建立完善的环境治理领导责任体系、企业责任体系、全民行动体系、监管体系、市场体系、信用体系、法律法规政策体系。

五、共建地球生命共同体

如何共建地球生命共同体？中国作出了历史性回答——

2021年9月举行的第七十六届联合国大会一般性辩论上，习近平主席在视频发言中指出，“坚持人与自然和谐共生。完善全球环境治理，积极应对气候变化，构建人与自然生命共同体”。

中国是这么说的，也是这么做的。

2000年至2017年，全球新增绿化面积中约1/4来自中国，贡献比例居世界首位；

“三北”防护林工程被联合国环境规划署确立为全球沙漠“生态经济示范区”；

塞罕坝林场建设者、浙江省“千村示范、万村整治”工程荣获联合国环保最高荣誉“地球卫士奖”；

…………

作为生态文明的践行者、全球环境治理的行动派，中国作出的贡献有目共睹。

法国《巴黎人报》报道指出，将生态和环境作为其优先发展事项之一，中国将变得更环保更绿色。

联合国秘书长古特雷斯表示：“通过共建‘一带一路’，中国与许多发展中国家加强了可再生能源等领域的合作，共同推动绿色发展。期待未来各方携手努力，为全球生态文明建设贡献更多力量。”

“中方将生态文明领域合作作为共建‘一带一路’重点内容”“聚焦携手打造绿色丝绸之路”“培育健康、数字、绿色丝绸之路等新增长点”……多场外交活动中，习近平主席同多位外方领导人就共建绿色“一带一路”进一步深化共识。

中国将秉持人类命运共同体理念，坚持多边主义，深度参与全球生态环境治理，切实履行国际环境公约义务，大力推进绿色“一带一路”建设，为全球可持续发展提供中国智慧、中国方案，作出中国贡献。

绿色答卷世界瞩目，新的“大考”已经开启。在习近平生态文明思想指引下，保持加强生态文明建设的战略定力，牢固树立绿水青山就是金山银山的重要理念，坚定不移走生态优先、绿色发展之路，我们定能建成青山常在、绿水长流、空气常新的美丽中国，推动中华民族实现永续发展。

学习金句

我国建设社会主义现代化具有许多重要特征，其中之一就是我国现代化是人与自然和谐共生的现代化，注重同步推进物质文明建设和生态文明建设。要坚持不懈推动绿色低碳发展，建立健全绿色低碳循环发展经济体系，促进经济社会发展全面绿色转型。

——习近平总书记在十九届中共中央政治局第二十九次集体学习时强调

第二章

民生之美

——提供更多优质生态产品，让良好生态环境成为人民幸福生活的增长点

- 蓝天白云，繁星闪烁
- 水清岸绿，鱼翔浅底
- 吃得放心，住得安心
- 看得见山，望得见水，记得住乡愁

第一节 | 蓝天白云，繁星闪烁

美丽中国，从健康呼吸开始。

拥有清洁的空气，才能享有健康幸福美好的生活。

十几年前，PM2.5逐渐进入公众视线，雾霾成为人们心中挥之不去的阴影。

河北石家庄退休老人王汝春对当年的重污染记忆深刻。2013年，当地重度污染以上天数高达151天。“那年10月份吧，天天重污染，一个月就只有一个好天儿，口罩戴一天表面都是灰黑色的，谁还愿意出门！”

“大气环境保护事关人民群众根本利益，事关经济持续健康发展，事关全面建成小康社会，事关实现中华民族伟大复兴中国梦。”也就是在2013年，为了百姓健康、人民福祉，党中央果断决策，被称为“大气十条”的《大气污染防治行动计划》由国务院发布并全面实施。

一时间，调整产业结构、控制煤炭消费量、优化交通结构、工业排放提标改造、移动源排放管控、燃煤锅炉整治、提升机动车排放水平、治理无序排放的散乱污企业……在重点污染防治区域京津冀及周边地区、汾渭平原、长三角等地，大气污染治理如火如荼。

一、保卫蓝天持续发力

2014年11月，亚太经合组织第二十二次领导人非正式会议在北京召开。欢迎宴会上，习近平总书记指出："有人说，现在北京的蓝天是'APEC蓝'，美好而短暂，过了这一阵就没了。我希望并相信，经过不懈努力，'APEC蓝'能保持下去。"

第二年，也就是2015年，北京冬奥申办成功。当时的北京PM2.5年平均浓度为80.6微克/立方米，超过国家标准130%，重污染46天，几乎平均每周有一天重污染！

"抱定壮士断腕、背水一战的决心，坚决打赢蓝天保卫战。"这是申办冬奥会时的承诺，也是中国的决心。

超常规举措，带来超常规实效。2021年，北京市大气环境中细颗粒物（PM2.5）年均浓度降至33微克/立方米，空气质量六项指标全面达标，大气污染治理取得里程碑式突破。

2022年2月4日至17日，北京冬奥会期间，北京PM2.5平均浓度为24微克/立方米，京津冀三地PM2.5浓度同比下降40%以上，周边地区同比下降30%以上；特别是2月4日开幕式当天，北京市PM2.5日均浓度更是低至5微克/立方米。"北京蓝"成为冬奥会亮丽底色，得到国际国内一致好评。

岂止北京，放眼全国，好"气质"已不是稀有品，公众的蓝天幸福感显著增强。

"窗含西岭千秋雪"的千古名句现实再现！

碧空如洗，雪山绵延！2020年7月3日一早，一位四川网友在新浪微博晒出在自家阳台拍摄的雪山实景，引来一片点赞与艳羡。

人民在空气质量改善中获得感和幸福感与日俱增！

2021年，全国地级及以上城市优良天数比率为87.5%，同比上升0.5个百分点；PM2.5浓度为30微克/立方米，同比下降9.1%。

这种变化得益于我国开启了一列保卫蓝天、治理大气污染的"高速列车"。"列车"在近十年的时间里不仅从未减速，还不断创造出新速度、新成绩。

从2017年下半年起，蓝天保卫战加速推进：

国家大气污染防治攻关联合中心成立，中心的科研人员分别入驻京津冀及周边的28个城市，为每个城市推出一套定制化治霾方案；

2018年，中共中央、国务院印发《关于全面加强生态环境保护　坚决打好污染防治攻坚战的意见》，强调坚决打赢蓝天保卫战；

同年，国务院印发《打赢蓝天保卫战三年行动计划》，蓝天保卫战进入攻坚阶段。

攻坚克难，笃行不怠！

习近平总书记在关键时刻指明了方向，“要以京津冀及周边、长三角、汾渭平原等为主战场，以北京为重点，以空气质量明显改善为刚性要求，强化联防联控，基本消除重污染天气，还老百姓蓝天白云、繁星闪烁”。

2018年7月，京津冀及周边地区大气污染防治领导小组宣告成立。同时，长三角区域、汾渭平原大气污染防治协作小组高效运作，协同治理有效促进了减排效益提升。

2021年，京津冀及周边地区“2+26”城市平均优良天数比例为67.2%，同比上升4.7个百分点；PM2.5浓度为43微克/立方米，同比下降18.9%。

攻坚需要督战，更需要帮扶。

2021年3月，京津冀及周边地区出现空气重污染。为全力做好重污染天气应对工作，生态环境部派出100个监督帮扶工作组进驻京津冀及周边地区，现场检查企业4030家，发现存在问题企业770家，各类大气环境问题1055个。

生态环境部发布的数据显示，仅2020年一年，蓝天保卫战重点区域监督帮扶就帮助地方发现和解决问题27.2万个。

攻坚并非一帆风顺。近年来，全国空气质量持续改善，臭氧成为影响空气质量的重要因素。

2021年4月30日，习近平总书记在中共中央政治局第二十九次集体学习时强调，加强细颗粒物和臭氧协同控制，基本消除重污染天气。

新的命题要求新的探索。

全国各地积极开展臭氧污染防治专项行动，2021年臭氧浓度为137微克/立方米，同比下降0.7%，连续两年实现PM2.5和臭氧浓度双下降。

时间再次拉回2014年，还是在APEC欢迎宴会上，习近平总书记动情地说："我希望北京乃至全中国都能够蓝天常在，青山常在，绿水常在，让孩子们都生活在良好的生态环境之中，这也是中国梦中很重要的内容。"

这梦想终将实现，也必将实现！

二、产业调整助力空气改善

工业污染防治是大气污染治理的重要环节，提高工业企业末端治理水平是大气污染治理的重要任务。

以前，在城乡接合部、乡镇和广大农村地区，存在大量"散乱污"企业，严重污染环境。

习近平总书记多次强调，"要以壮士断腕的勇气，果断淘汰那些高污染、高排放的产业和企业"；

"要保持攻坚力度和势头，坚决治理'散乱污'企业"；

"要下大气力抓好落后产能淘汰关停"；

…………

中共中央、国务院印发《关于全面加强生态环境保护　坚决打好污染防治攻坚战的意见》，要求全面整治"散乱污"企业及集群，实行拉网式排查和清单式、台账式、网格化管理，分类实施关停取缔、整合搬迁、整改提升等措施。

辽宁盘锦推出多项举措，加强"散乱污"企业治理，其中包括强化混凝土和沥青搅拌站的治理，增加检查频次。

安徽合肥发布《合肥市大气环境质量限期达标规划》，建立"散乱污"企业动态管理机制，坚决杜绝"散乱污"企业项目建设和已取缔的"散乱污"企业异地转移、死灰复燃。

早在2016年2月，习近平总书记在江西考察调研时就强调，要着力推进供给侧结构性改革，加法、减法一起做，既做强做大优势产业、培育壮大新兴产业、加快改造传统产业、发展现代服务业，又主动淘汰落后产能，腾出更多资源用于发展新的产业，在产业结构优化升级上获得更大主动。

2019年10月7日下午，在一阵阵液压破碎锤的敲击声中，40多米高的立恒钢铁集团新区两座炼铁高炉轰然倒地。

这是山西临汾市曲沃县钢铁行业装备升级、减量置换的重要一步。作为大气污染治理最重要的手段，在山西乃至全国，产业结构优化调整的步伐一直没有停歇。

偏煤的能源结构、偏重的产业结构、偏公路的交通运输结构，严重的大气污染给河北贴上了一张"黑色名片"。

抓住调结构的"牛鼻子"，河北从雾霾围城中艰难突围。

"河北是钢铁、煤炭双压减省份，钢铁压减量占全国1/3，粗钢产能由峰值时的3.2亿吨减至去年底的1.9亿多吨。我们又自我加压，把去产能范围扩大到焦化、水泥等6个行业，超额、提前完成'十三五'时期钢铁、煤炭等六大行业去产能任务。"河北省发改委有关负责人说。

位于河北邯郸武安市的新兴铸管股份有限公司，2020年第一季度在非重污染天气预警期间的生产负荷为100%。而2019年同期，同样是非预警期，其生产负荷不足60%。

"主要是企业的治污效率提升了。"邯郸市生态环境局武安市分局大气科负责人说。一年来，新兴铸管在环保设施上主动加码，增加管式皮带全密闭传输设备，对烧结机实施烟气循环改造，最终实现超低排放。

统计显示，2020年底，全国实现超低排放的煤电机组累计约9.5亿千瓦，6.2亿吨左右粗钢产能完成或正在实施超低排放改造。

未来，我国将继续加大重点行业结构调整和污染治理力度，推动重点行业落后产能加快淘汰、推进传统产业集群绿色低碳化改造，实施重点行业企业绩效分级管理，依法严厉打击不落实应急减排措施行为。

三、清洁能源推进“气质”提升

我国的大气污染与长期以来以煤炭为主的能源结构有很大关系，这种能源结构虽然支撑了中国经济的高速发展，但也对生态环境造成了破坏。

2018年4月，习近平总书记主持召开中央财经委员会第一次会议，会议指出，要调整能源结构，减少煤炭消费，增加清洁能源使用。

2018年6月，中共中央、国务院印发《关于全面加强生态环境保护 坚决打好污染防治攻坚战的意见》提出，大力推进散煤治理和煤炭消费减量替代。

河北保定，曾头顶重污染城市的“黑帽子”。

“2020年保定完成最后83.02万户‘双代’改造，至此平原地区农村取暖基本实现散煤清零。”保定市发改委负责人说。

“以前烧煤，一天擦好几次桌子。自从通了天然气，做饭取暖都用它，干净又暖和。”河北高碑店市栗各庄村村民单增平说。6年前，她家通过“气代煤”改造，小煤炉换成了燃气壁挂炉。

“燃烧1吨散煤排放的大气污染物是电煤的15倍以上。”生态环境部环境规划院负责人说，散煤治理的意义不言而喻。

截至2020年底，中国北方地区冬季清洁取暖率已提升到60%以上，京津冀及周边地区、汾渭平原累计完成散煤替代2500万户左右，削减散煤约5000万吨。

在北方，安全过冬、温暖过冬是一项民心工程，必须坚持宜电则电、宜气则气、宜煤则煤原则。

2018年5月，习近平总书记在全国生态环境保护大会上强调，要提供补贴政策和价格支持，确保“煤改气”“煤改电”后老百姓用得上、用得起。

“现在改了电，花的钱不算多，家里暖和又干净。”山西运城市盐湖区龙居镇西张耿村村民杨文波说起2019年冬天家里的变化，开心地笑了。

推动能源转型，构建清洁低碳、安全高效的能源体系，是实现高质量发展、可持续发展的必由之路。

2021年12月，在中央经济工作会议上，习近平总书记强调要立足以煤为主的基本国情，抓好煤炭清洁高效利用，增加新能源消纳能力，推动煤炭和新能源优化组合。

北京冬奥云数据中心最大限度地利用了当地的风能、太阳能等清洁能源；

山东邹城推进煤炭清洁高效利用，集中推广解耦炉，新炉具烟尘排放量降低了95%以上，热效率达80%以上；

四川聚焦清洁能源产业，加快水风光气氢多能互补一体化发展；

浙江狠抓百个千亿清洁能源项目建设；

…………

在农村，秸秆也可以是清洁能源。

“这两年，省里格外重视供暖工作，现在我们这边烧的都不是标准煤了，用的都是农林秸秆这类可再生物质。家家户户冬天都供上了足足的暖气，同时，空气质量也越来越好！以前冬天哪能看见这么多的蓝天白云啊！”山东荣成市好运角旅游度假区的工作人员激动地说。

党的十八大以来，我国能源消费结构发生重大变化，资源能源消耗强度大幅下降，全国煤炭消费比重已下降到56%左右，清洁能源比重上升至25.3%。

四、“移动的污染源”无法移动

移动源是什么？

移动源泛指可以移动的污染源，主要分为道路源（指机动车、柴油车）和非道路源（非道路移动机械、船舶、铁路内燃机等）。

2021年9月，生态环境部发布《中国移动源环境管理年报（2021年）》。年报显示，移动源污染已成为我国大中城市空气污染的重要来源，是造成细颗粒物、光化学烟雾污染的重要原因，机动车污染防治的紧迫性日益凸显。

2018年4月，习近平总书记主持召开中央财经委员会第一次会议。会议指出，要打好柴油货车污染治理攻坚战。

2019年，生态环境部等10部委印发《柴油车污染治理攻坚战行动计划》，进一步明确打好柴油货车污染治理攻坚战是打好污染防治攻坚战的七大标志性重大战役之一。

一辆“国三”重型柴油车排放的氮氧化物，相当于约100辆“国四”小轿车的排放量，打好柴油货车污染治理攻坚战的作用不容小觑。

2020年，河北累计淘汰和清理“国三”及以下中重型柴油货车16万余辆，为保卫蓝天作出积极贡献。

“‘国六’标准的实施，从整个国家战略角度来看，有利于打赢蓝天保卫战。汽车行业有义务、有责任为国家整体战略做出调整，为国家环保事业作出贡献。”中国汽车工业协会负责人表示。

相较之前的“国五”，“国六”在多项污染物的限值方面更加严格，特别是在碳氢化合物、一氧化碳等排放污染物的限值方面，比“国五”严苛了50%，甚至比“欧六”标准还高。

2016年底，原环境保护部、原国家质检总局发布的《轻型汽车污染物排放限值及测量方法（中国第六阶段）》，明确要求，2023年7月1日起，所有销售和注册登记的轻型汽车应符合“国六b”。

2021年7月起，我国全面实施重型柴油车“国六”排放标准。

实施“国六”标准，只是打好柴油货车污染治理攻坚战的一个缩影。

在山东日照，货轮驶入码头后，几名港口工作人员登船，从船上拖出一根电缆，接到岸边高压接电箱上，货轮上轰鸣的辅机停止运行，货轮随即依靠岸电运行……

2020年9月，国网日照供电公司在日照港集装箱码头安装当地首家智能岸电后，让靠岸船舶享受到了用电便利，也有效促进了港口节能减排。

截至2021年10月，全国港口岸电设施覆盖泊位已达7500个。

除岸电之外，清洁低碳的新能源在交通领域得到深入推广和应用：全国铁路电气化率达到72.8%，国家铁路燃油年消耗量从最高峰的583万吨下降到231万吨，降幅达60%；营运柴油货车淘汰工作有序开展，车辆清洁化水平逐步提升。

2018年起，我国启动实施了运输结构调整三年行动，推动大宗物资“公转铁”“公转水”，发展铁水、公铁、空铁、江海等多式联运。与2017年相比，2020年铁路货运增量8.63亿吨、水路货运增量9.38亿吨，沿海港口大宗货物公路运输量减少3.7亿吨。

蓝天是老百姓最基本的共享资源，在同一片蓝天下，我们同呼吸、共命运。

未来，蓝天保卫战，依然任重而道远！我们还要久久为功、持续用力，着力打好重污染天气消除攻坚战，打好臭氧污染防治攻坚战，守护老百姓的呼吸健康，让蓝天常在、空气常新。

学习金句

纵观人类文明发展史，生态兴则文明兴，生态衰则文明衰。杀鸡取卵、竭泽而渔的发展方式走到了尽头，顺应自然、保护生态的绿色发展昭示着未来。地球是全人类赖以生存的唯一家园。我们要像保护自己的眼睛一样保护生态环境，像对待生命一样对待生态环境，同筑生态文明之基，同走绿色发展之路。

——2019年4月28日，习近平主席在2019年中国北京世界园艺博览会开幕式上的讲话

第二节 水清岸绿，鱼翔浅底

初夏时节，汾河水势初涨、碧波荡漾。

汾河太原城区晋阳桥段，去年刚刚通车的晋阳桥横跨碧水之上，桥上车流不息，汾河两岸绿意正浓。

2020年5月12日中午，习近平总书记来到这里，考察汾河流域生态修复和城市环境建设情况。听到汾河逐步实现了“水量丰起来、水质好起来、风光美起来”，习近平总书记频频点头：“真是沧桑巨变！太原自古就有‘锦绣太原城，三面环山，一水中分’的美誉，如今锦绣太原的美景正在变为现实。”

关于水的问题，习近平总书记的关心由来已久！

习近平总书记先后作出一系列重要指示：

“为子孙后代留下碧水蓝天的美丽世界是我们义不容辞的责任，要还给老百姓清水绿岸、鱼翔浅底的景象”；

“要统筹水资源、水环境、水生态治理”；

“要加快补齐城镇污水收集和处理设施短板”；

…………

如今，经过大规模水环境治理，“鱼翔浅底、水清岸绿”的画卷正在美丽中国全面展现。

一、喝上放心水　日子更甜美

饮用水安全是人民生活的一条底线。

习近平总书记强调，要树立节约用水就是保护生态、保护水源就是保护家园的意识，增强水源涵养能力和环境容量。

2020年8月30日，在密云水库建成60年之际，习近平总书记在给建设和守护密云水库的乡亲们回信中指出："当年修建密云水库是为了防洪防涝，现在它作为北京重要的地表饮用水源地、水资源战略储备基地，已成为无价之宝。"

早上8点，北京密云水库综合执法大队水上执法分队的队员乘上快艇开始巡护任务。

"密云水库既是首都战略水源地，又是南水北调来水调蓄库。"队长说，"要像保护眼睛一样保护密云水库"，是队员们说得最多的一句话。

北京市以密云水库周边小流域为单位，以水源保护为中心，构筑了"生态修复、生态治理、生态保护"三道防线，确保"清水下山、净水入库"。

为了保障水质安全，各地不断完善水源地水质监管体系。

云南曲靖市沾益区划定了饮用水水源保护区，在重要水库设置了地理界标和警示标志。四川丹棱县划定饮用水水源地保护区，推进有机肥替代化肥和绿色防控，减少农业面源污染。

走进曲靖市沾益区摆河村村民张洪斌家，四方庭院的一角，一根水管探出来，拧开水龙头，清水汩汩流出，张洪斌喜在心头："一整天有水，啥时候想用就能用，再也不用为水发愁了。"

2022年春节期间，安徽蚌埠市五河县小溪镇赵庄村村民王英和老伴赵广浩一早就钻进厨房，张罗着烹制美食。

"以前不是不想做，家里水不行，做出来不好吃，只好出去买点凑合凑合。不过，今年不一样啦！"王英神秘一笑，往围裙上擦了擦手，转身拧开水龙头，清澈的自来水哗哗直流……“现在俺们用的都是地表水，干净卫生，过年的这些吃食都能自己做啦。”

点滴清水，关乎民生！

王英一家人喝上干净水，得益于前不久投入使用的五河县淮河南岸城乡供水一体化项目。它让五河县全面实现了对原有地下水源的替换。

“通过置换地表水，不仅水质更好，还可以减少地下水开采，保护地下水生态。”五河县水利局负责人说。

地下水具有重要的资源属性和生态功能。2021年12月1日，国务院发布的《地下水管理条例》开始施行，对地下水超采、污染突出问题，强化地下水节约保护、超采治理和污染防治等方面对地下水管理作出重要制度安排。

近年来，生态环境部持续开展饮用水水源地生态环境问题排查整治，7.7亿居民的饮用水安全保障水平有力提升。

2020年底，全国“千吨万人”工程水源保护区已全面划定；2021年，生态环境部积极推动全国乡镇级集中式饮用水水源保护区划定，全年累计划定19132个。

“十四五”时期，我国将推进千人以上工程划定水源保护区或保护范围，“千吨万人”工程配备净化消毒设施设备，进一步提高供水水质。

二、“黑龙”变“白练”，“浊流”变“清波”

“我家夏天都不敢开窗户，因为窗外是条黑臭河！”“污水处理费在提高，也不知道钱花了，效果在哪里！”6年前，一条黑臭河旁边的居民抱怨道。

黑与臭，一度成为不少城市河道的代名词。

城市黑臭水体是百姓反映强烈的水环境问题，不仅损害了城市人居环境，也严重影响了城市形象。

习近平总书记多次指出，黑臭水体已经成为民心之痛、民生之患，要抓紧解决城市黑臭水体问题。

10多年前，广东深圳宝安区居民郑彩娟搬进众和花园小区，小区距离茅洲河仅100米，“打开窗户，经常能闻到刺鼻的臭味”。在枯水期，她曾经看到河道里的底泥像柏油一样黏稠。

为了一汪碧水，深圳发起“驯水”攻坚战，以绣花功夫推进雨污分流、源头治理，投入上千亿元改善水环境，终于换来全市告别黑臭水体，原先“比墨还黑”的茅洲河变清变美了，“又见白鹭飞”。

2016年12月，国务院发布《“十三五”生态环境保护规划》，要求大力整治城市黑臭水体，并成立了全国城市黑臭水体整治监管平台。

2018年9月，住建部又联合生态环境部公布《城市黑臭水体治理攻坚战实施方案》，明确了“控源截污、内源治理、生态修复、活水保质”的技术路线和治理工程要求。

截至2020年底，全国地级及以上城市2914个黑臭水体消除比例达到98.2%。

消除农村黑臭水体，各地铁拳出击。在浙江德清县，蠡山漾一度变成了黑臭河。德清县水利建设发展有限公司负责人介绍，通过清退养鱼、养鸡场，清除污泥，置换水体，蠡山漾从内到外变美了。

加强污水处理是提高水质的根本途径。需要加快补齐城镇污水收集和处理设施短板，尽快实现污水管网全覆盖、全收集、全处理。

湖北武汉市加快污水处理厂建设，完善环东湖污水收集管网。截至2020年底，主城区已建成12座污水处理厂、4500千米污水管网和74座污水提升泵站，形成12片污水收集系统。随着骨干污水收集系统逐步建成，东湖主湖水质进入加速提升期。

为了解决农村污水收集处理的难题，辽宁盘锦市积极提高生活污水处理水平，依靠财政专项资金，修建农村污水管网，安装小型污水处理设施。

如今在盘锦，农村生活污水可以直接通过管网排放到污水处理站，131个行政村的生活污水得到了有效治理，38.6万农村人口受益。

2022年2月，国务院转发国家发展改革委等四部门印发《关于加快推进城镇环境基础设施建设的指导意见》，提出推进城镇污水管网全覆盖，推动生活污水收集处理设施“厂网一体化”。

2021年12月，中办、国办印发《农村人居环境整治提升五年行动方案（2021—2025年）》，提出分区分类推进治理，加强农村黑臭水体治理，基本消除较大面积黑臭水体。

三、大河奔涌，奏响新时代的澎湃乐章

人类文明几乎都起源于大江大河，沿河流繁衍发展。

奔腾不息的长江、黄河，是中华民族的摇篮，哺育了璀璨的中华文明。

大江大河连山襟海，滋养美丽中国。近年来，各地各部门共同抓好大保护，协同推进大治理，大美河山生机盎然。

位于黄河上游的甘肃兰州，近年来加大黄河流域生态保护力度，通过黑臭水体整治、水污染联防联控、统筹推进流域治理等措施，不断改善兰州段水质。

2020年，黄河兰州段干、支流国控、省控考核断面水质优良率均达100%，出境水质综合评价连续四年稳定达到Ⅱ类。

2022年春节前夕，习近平总书记赴贵州看望慰问各族干部群众时，来到贵州第一大河、长江上游右岸最大支流乌江考察调研。“守好发展和生态两条底线”——这是习近平总书记对贵州改革发展提出的明确要求。

贵州凝心聚力打好乌江流域碧水保卫战，全面加大乌江流域环境治理力度。加强生活面源污染防治，流域建成投运县城及中心城市生活污水处理设施98座，实现了全覆盖。

近年来，生态环境部牵头开展长江、黄河的入河排污口排查工作。截至2021年底，长江入河排污口监测工作基本完成，黄河干流上游和中游部分河段5省区18个地市7827千米岸线排污口排查全面完成。

2020年，长江历史性实现干流水质全部达到Ⅱ类，长江流域、渤海入海河流劣Ⅴ类国控断面全部消劣。

黄河浩荡蜿蜒，结成九曲连环，一路东行入海。

“这几年，入海口的湿地面积明显增加了，东方白鹳、黑嘴鸥等珍稀鸟类都来安了家。”山东黄河河务局黄河河口管理局防汛办公室负责人说。

据统计，近两年，黄河利津水文站的年均入海水量达336亿立方米，比近10年平均值多123亿立方米，累计向黄河三角洲湿地补水4.21亿立方米。在黄河三角洲，鸟类已由保护区建立之初的187种增至现在的371种。

“共抓大保护，不搞大开发。”2016年1月5日，在重庆召开的推动长江经济带发展座谈会上，习近平总书记语重心长。

“十年禁渔”全面实施，这背后，是一场事关中华民族永续发展的深刻实践。

家里三代捕鱼的湖南泸溪县下都村渔民向忠元，在禁渔退捕时第一个站出来“转业”，当上了禁渔巡护员。如今，鱼多了，水清了，泸溪山水如画，向忠元黝黑的脸上满是笑意：“以前下水捕鱼，现在巡河护鱼，感谢党的政策好，我们饭碗端稳了，还能造福子孙。”

在习近平生态文明思想科学指引下，长江、黄河等大江大河和重要湖泊湿地生态保护治理更加注重理念引领、建章立制、统筹推进，生态保护治理成效显著，充分彰显我们党对治水规律的认识与把握达到了新高度。

从万里长江到九曲黄河，习近平总书记长远擘画生态优先、绿色发展，身体力行持续推动美丽中国建设。绿水青山就是金山银山的理念深入人心，化为全党全社会共同行动。

四、河湖美丽，海湾争俏

层峦叠嶂，清风徐来，万顷碧波荡漾。

“这几年洱海越来越清，越来越美了。”云南大理市湾桥镇古生村村民李德昌家在洱海边上，与洱海朝夕相见，却总感到看不够。

2015年1月，习近平总书记来到洱海边的湾桥镇古生村了解洱海生态保护情况，走上木栈道，湖水荡漾，苍山云绕，同当地干部合影后说：“立此存照，过几年再来，希望水更干净清澈。”习近平总书记叮嘱当地干部一定要改善好洱海水质。

为留住“苍山不墨千秋画，洱海无弦万古琴”的自然美景，云南大理白族自治州推进洱海环湖截污，目前基本实现流域污水全收集、全处理，洱海水质下滑趋势得到有效遏制，总体水质稳定在Ⅲ类。

“我们要继续推动流域内产业优化调整、生产生活方式转变，加快工业、农业、生活污染源和水生态系统整治。”云南省生态环境厅驻大理州生态环境监测站负责人说。

三江源地区，位于青藏高原腹地，是我国最重要的淡水之源，长江、黄河、澜沧江三大河流的发源地，被誉为“中华水塔”，是世界上独一无二的高原湿地生态系统，我国极其重要的生态屏障。

2016年8月23日，习近平总书记视察青海，视频连线昂赛澜沧江大峡谷观测点，详细询问：“杂多县有多少只雪豹？”“生态恢复情况怎样？”“生态管护员力量配置情况如何？”

2021年3月7日，全国两会青海代表团审议现场，孔庆菊代表向习近平总书记展示雪豹和荒漠猫的照片，介绍三江源地区生态环境已经得到显著改善。

只要天气合适，早上8点，贵州贵阳市市民牛家珍总会准时出门，前往位于花溪区的花溪国家城市湿地公园。

花溪国家城市湿地公园距离贵阳市中心仅12千米，不仅是贵阳涵养水源、调节气候的“绿肺”，也为市民增添了一个亲近自然的“大氧吧”，一边积淀厚实的生态家底，一边加紧培育绿色产业，将生态优势转换为产业优势、竞争优势，让绿水青山释放更多生态红利。

“十四五”规划和2035年远景目标纲要要求，要完善水污染防治流域协同机制，加强重点流域、重点湖泊、城市水体和近岸海域综合治理，推进美丽河湖保护与建设。

海湾是中国近岸最有代表性的地理单元之一，是经济发展的高地、生态保护的重地、亲海戏水的胜地。长期以来，因承载近岸人类开发和排污压力最为集中，海湾生态环境问题十分突出，制约近岸海域生态环境持续改善。

抓住海湾就是抓住了海洋生态环境保护治理的“牛鼻子”，也就抓住了建设美丽海洋的关键所在。

山东青岛灵山湾投资11.5亿元实施蓝湾整治，海湾自然风貌重现，投资9亿元对7条入湾河流40余千米河道进行治理，水质全部达标，沿湾污水收集处理率100%，完成入海排污口整治，海域优良水质面积连续三年100%，湾内鱼鸥成群，生机盎然，海湾碳汇能力显著提升。

历经多年精雕细琢，灵山湾蜕变为“水清、滩净、湾美、岛秀”的美丽海湾，实现生态、经济、社会效益“三赢”，建成国家AAAA级景区——城市阳台，成为游客争相打卡的“网红地”和市民的“第一会客厅”。

2022年初，生态环境部发布了2021年度美丽河湖、美丽海湾优秀案例，首批评出的优秀案例，每一处都是碧水弹奏的乐章。

“清水绿岸、鱼翔浅底的美丽河湖，水清滩净、岸绿湾美、鱼鸥翔集、人海和谐的美丽海湾，不光是美景，也是大家身边的优质生态产品，是建设美丽中国好经验、好做法的集中体现。”生态环境部相关负责人表示。

近年来，生态环境部与中国海警局深化海洋生态环境监管执法协作，先后合作开展“碧海2020”“碧海2021”等海洋专项执法行动，形成了守护碧海银滩的有效合力和严查违法行为的高压态势。

2021年11月，中共中央、国务院印发《关于深入打好污染防治攻坚战的意见》。深入打好碧水保卫战，将不断提升水生态环境治理体系和治理能力现代化水平，持续改善水生态环境质量，还给老百姓清水绿岸、鱼翔浅底的景象！

第三节 吃得放心，住得安心

亿民赖此土，万物生斯壤。

土壤是生命之基、万物之母，是中华民族赖以生存和发展的根基，关系人民群众身体健康，关系国家生态安全，关系美丽中国建设。

土壤为人类经济社会发展提供了大量的生活所需、生产所用，但同时也受到大气、水、固体废弃物等污染物的侵蚀。

研究表明，土壤污染处于“末端污染”，相较大气污染和水污染，具有累积性、不均匀性等特点，容易污染却又不易被发现，长期存在却又不易治理。从2013年的湖南“镉大米”事件，到2016年再次触痛公众神经的常州“毒地”事件，每一次类似的公共事件发生，都在提醒着我们土壤污染的严峻现实。

民之所忧，我必念之；

民之所盼，我必行之。

“要全面落实土壤污染防治行动计划，突出重点区域、行业和污染物，强化土壤污染管控和修复。”

“推进土壤污染防治，有效管控农用地和建设用地土壤污染风险。”习近平总书记始终挂念着“让老百姓吃得放心、住得安心”。

2016年5月，国务院发布《土壤污染防治行动计划》——“土十条”。

2018年6月，中共中央、国务院印发《关于全面加强生态环境保护坚决打好污染防治攻坚战的意见》，要求扎实推进净土保卫战，全面实施土壤污染防治行动计划。

2018年8月31日，一部聚焦于此的法律——《土壤污染防治法》由第十三届全国人大常委会第五次会议全票通过，并于2019年1月1日起正式施行。

就此，一场保护土壤的战役，在中华大地全面打响。

一、农用地安全利用守住入“口”关

“土生万物”，土壤是农业生产的物质基础。自古以来，中国的田养活了世世代代的中国人民，还将惠及未来。这是中国人保护耕地的历史眼光。

农用地土壤污染防治和安全利用，关系着14亿中国人的健康问题，是习近平总书记时常牵挂的民心要事。

“像保护大熊猫一样保护耕地。”

“切断污染物进入农田的链条。”

“对受污染严重的耕地、水等，要划定食用农产品生产禁止区域。”

…………

习近平总书记的谆谆叮嘱，化成牢牢守住农用地安全的坚决行动。

2017年7月，农用地土壤污染状况详查工作全面启动。本次农用地详查历时两年，共布设了55.8万个详查点位，采集分析了69.8万份详查样品，全国约3.5万人参与这项工作，基本摸清了农用地土壤污染的面积、分布及对农产品质量的影响，为开展农用地分类管理、推动安全利用打下坚实基础。

2020年8月至9月，全国人大常委会组织执法检查组对土壤污染防治法实施情况进行检查。如何保障老百姓“吃得放心”，是此次执法检查的重点之一。

重庆市巴南区界石镇新玉村有1000亩农用地，定为严格管控类农用地，禁止种植农作物，政府按每亩1000斤稻谷的价格予以赔偿。

抽查小组在现场看到统一收购的稻谷和瓜果都堆集在村便民服务中心。镇长说："等收齐后，我们将送到就近的垃圾焚烧站进行处理。严格管控入口的食品，一点也不能含糊！"

生态环境部发布的数据显示，2020年全国受污染耕地安全利用率达到90%左右，土壤污染风险得到基本管控，初步遏制住了土壤污染加重的趋势。

农用地的安全与农药肥料密切相关，过量的施用会导致土壤污染、土壤板结，影响"吃得安全"。

如何斩断农药化肥进入人体的路径，确保土壤安全和粮食安全？习近平总书记深切叮咛，声声在耳：

"加大农业面源污染治理力度，开展农业节肥节药行动"；

"以钉钉子精神推进农业面源污染防治"；

"要调整农业投入结构，减少化肥农药使用量，增加有机肥使用比重，完善废旧地膜回收处理制度"；

…………

近年来，从农业生产理念的转变，到技术模式的集成，再到推广机制的完善，各地正持续发力节肥节药。

"过去地里梆梆硬，现在用脚一掀，地里都能起垄了，就像回到了小时候，我这心里高兴啊！"2018年，黑龙江海伦市成为国家黑土地保护利用整建制推进试点县，合作社2000亩地成了试验田：大豆、玉米轮作，玉米秸秆全部还田，增施有机肥。第二年，合作社大豆亩均增产22公斤，玉米亩均增产50公斤，种粮收入增加超过5个百分点。

贵州黎平县高屯镇绞便村天益家庭农场，为了生产出好茶，茶园按照有机标准进行生产：杜绝草甘膦等化学农药，配置太阳能杀虫灯、害虫性信息素诱捕器，大大降低病虫害发生程度。相比过去，2020年的明前茶，一斤多卖了50元。

"十三五"期间，我国农作物化肥农药施用量连续4年负增长，2020年三大粮食作物化肥和农药利用率比2015年分别提高了5个和4个百分点。

面对未来，深入推进农用地土壤污染防治和安全利用，实施农用地土壤镉等重金属污染源头防治行动，实施化肥农药减量增效行动和农膜回收行动，到2025年，受污染耕地安全利用率达到93%左右。

二、严格建设用地准入管理，保障"住得安心"

土壤安全不仅涉及"吃"，而且对"住"也有非常高的标准。

2020年8月24日，全国人大常委会组织执法检查组来到山东日照港检查退港还海修复整治情况。

"你们现在所站的位置以前是煤堆厂，经过修复整治后，变成了一望无际的沙滩。这还只是一期工程，去年我们请环保部门作了环保评估，那边是二期工程，将于2021年底完成。"当地负责同志指着远处的煤堆介绍。

这是国内首例退港还海修复整治工程。根据《土壤污染防治法》规定，用途变更为住宅、公共管理与公共服务的，变更前应当按照规定进行土壤污染状况调查。

在以前，建筑用地的污染很少引起人们的重视。但随着人们环保意识的不断提升和对居住环境要求的日益提高，政府和社会各界越来越关注建设用地的土壤安全问题。

习近平总书记强调："突出重点区域、行业和污染物，强化土壤污染管控和修复，有效防范风险。"

中共中央、国务院印发的《关于全面加强生态环境保护　坚决打好污染防治攻坚战的意见》明确规定，建立建设用地土壤污染风险管控和修复名录，列入名录且未完成治理修复的地块不得作为住宅、公共管理与公共服务用地。

2017年7月，重点行业企业用地土壤污染状况调查与农用地土壤污染状况详查同时启动，基本摸清了全国重点企业用地土壤污染状况及潜在风险的底数。

全国各地积极开展建设用地土壤污染防治探索实践，为我们打好净土保卫战，有效防范土地安全风险，提供了非常多有益的思路。

福建泉州完成全市472家重点行业企业用地基础信息采集和风险筛查，实现重点监管单位周边土壤监测全覆盖。建立涵盖115家土壤污染重点监管单位的名录，加强涉重金属行业污染防控，2020年重点重金属污染物排放量比2013年下降23%，超额完成减排18%的目标。

生态环境部公布的数据显示，“十三五”期间，污染地块安全利用率达到93%以上。

2021年11月中共中央、国务院印发《关于深入打好污染防治攻坚战的意见》，对管控建设用地土壤污染风险又作出新的要求：严格建设用地土壤污染风险管控和修复名录内地块的准入管理。未依法完成土壤污染状况调查和风险评估的地块，不得开工建设与风险管控和修复无关的项目。

三、垃圾——放错位置的资源

如何处理垃圾，是城市建设面临的一个大问题。

从来源上看，垃圾主要分为生活垃圾、建筑垃圾和工业垃圾三大类，而人们关注更多的，也是让城市管理更加头疼的，则是生活垃圾的处理。

2018年，中共中央、国务院印发《关于全面加强生态环境保护　坚决打好污染防治攻坚战的意见》，明确要求推进垃圾资源化利用，大力发展垃圾焚烧发电。推进农村垃圾就地分类、资源化利用和处理，建立农村有机废弃物收集、转化、利用网络体系。

各地积极探索、创新实践，形成了分选回收、焚烧发电、生化处理、综合利用等多种先进工艺。

生活垃圾焚烧发电，逐渐从“邻避型”转变为“邻利型”。

浙江嘉兴海盐县西塘桥街道，海盐绿能环保发电厂项目的排放标准极其严格，比如，欧盟氮氧化物排放标准是每立方米200毫克，这里只有50毫克。

浙江杭州富阳区循环经济产业园的生活垃圾焚烧发电项目，自2020年2月初正式投运以来，每天可处理生活垃圾2250吨，预计年发电2.24亿千瓦时。“按照年发电量换算，富阳每年可节约标准煤约5.18万吨，减排二氧化碳12.9万吨。”

8座垃圾焚烧发电项目正式投入运营，2021年起海南全省生活垃圾处理彻底告别填埋。

厨余垃圾如何变废为宝?

广东广州市竹洞村积极探索厨余垃圾沤肥的处理方式，实现了“厨余垃圾不出村”。

浙江湖州市某小学食堂利用易腐垃圾就地处理设备，对厨余垃圾进行生物降解处理，产生有机肥料，给学校种植园的蔬菜施肥。

…………

垃圾的科学处理固然重要，但如果变处理为回收，再经过一些无害化处理，不仅可以实现垃圾减量，而且能让垃圾成为一种新的资源。

对此，习近平总书记在十九届中共中央政治局第二十九次集体学习时强调，要实施垃圾分类和减量化、资源化。

粉碎、搅拌、烧制……在中国建筑第四工程局位于广州的一处建筑施工现场，建筑废渣正被碎成细骨料，加工成为一块块透水砖。“按照8小时不间断处理的速度，项目平均一天可处理固废垃圾500立方米，处理回收率达40%至50%。”项目负责人如是说。

不仅仅是建筑垃圾方面。据统计，回收1吨废纸，可重新制造出再生纸800千克，节省木材300千克，相当于少砍17棵树。

回收1吨废玻璃，可再造2500个普通1斤装酒瓶，节电400千瓦时，并能减少空气污染。

废旧易拉罐可无数次循环再利用，每次循环可节能95%左右。

…………

2021年国家发展改革委、住房和城乡建设部印发的《“十四五”城镇生活垃圾分类和处理设施发展规划》提出，要加快推动厨余垃圾、有害垃圾等的收集、运输、处置设施建设，力争到2025年底，全国城市生活垃圾资源化利用率达到60%左右。

四、“无废城市”创造高品质生活

一台旧电视，在重庆的电子废弃物处理厂，可被拆解成23种部件。用一位业内人士的话说，“除了灰尘之类不能用，其他的都能变废为宝”。

作为首批试点的“无废城市”之一，重庆建立起废弃电器电子产品回收处置体系。废旧电视、冰箱、电脑被“吃”进拆解流水线，“吐”出来的铜、铁、电路板等，有的变成产品进入销售环节，有的则被进一步处理。

什么是“无废城市”？“无废城市”是不产生废物吗？

其实，“无废城市”是一种先进的城市管理理念，不仅更注重环境保护，还在于让经济发展过程资源利用率更高、社会效益更好。

早在2018年12月，国务院办公厅已经印发《“无废城市”建设试点工作方案》。

近年来，安徽铜陵、辽宁盘锦通过“无废矿山”“无废油田”建设，将废弃矿山变成“绿水青山”，再发展旅游观光将其变成“金山银山”；

重庆积极创建“无废”学校、小区、机关等，营造共建共享氛围，推动公众形成绿色生活方式……

我国在深圳等11个城市和雄安新区等5个特殊地区推进“无废城市”建设试点，统筹城市发展与固体废物管理，取得较好的生态环境效益、社会效益和经济效益。

在农村，“无废”概念也逐渐被居民接受。

“每天的垃圾都及时分类处理，日均垃圾产生量由1000多公斤降到现在的100多公斤。”浙江湖州市安吉县孝丰镇横溪坞村积极开展垃圾分类处理，通过了“无废乡村”验收。

“无废城市”建设，是固废污染防治的目标，也是固废污染防治的缩影。

习近平总书记多次强调，加强固体废物和新污染物治理，加快补齐医疗废物、危险废物收集处理设施方面短板，严厉打击危险废物破坏环境违法行为，坚决遏制住危险废物非法转移、倾倒、利用和处理处置。

思想引领行动，理念指导实践。

2020年初，新冠肺炎疫情突如其来，考验城市公共卫生治理能力的同时，也对医疗废物处置提出最严要求。

为此，生态环境部提出“对涉疫情医疗机构及设施的环境监管服务要100%全覆盖、对医疗废物的收集处置要100%全落实”，实现了医疗废物处置“零库存”、安全“零事故”、人员“零感染”。

2020年7月至11月，全国检察机关、公安机关、生态环境部门联合开展严厉打击危险废物环境违法犯罪行为的活动，全国共查处危险废物环境违法案件5841起，罚款2.40亿元。

“洋垃圾”，进口固体废物的代名词，这个压在中国人头上40余年的“心病”，终将湮灭在历史的长河中！

时间追溯到20世纪80年代。改革开放初期，我国工商业快速发展，为了缓解原料的不足，开始从境外进口可用作原料的固体废物。法国《费加罗报》网站报道称，自80年代以来，全球其他地区的垃圾有超过45%出口到中国内地。

进入新时代，关于要不要进口“洋垃圾”，习近平总书记一锤定音，全面禁止进口“洋垃圾”。

中共中央、国务院印发的《关于全面加强生态环境保护　坚决打好污染防治攻坚战的意见》明确要求，大幅减少固体废物进口种类和数量，力争2020年底前基本实现固体废物零进口。

据生态环境部负责人介绍："从2017年到2020年的4年间，我国固体废物的进口量从4227万吨降低到了879万吨，直至2020年底清零，累计减少固体废物进口量1亿吨。"

2021年1月1日起，我国全面禁止固体废物进口，发达国家将我国作为"垃圾场"的历史一去不复返了！

无论是"无废城市"建设还是全面禁止进口"洋垃圾"，都是推进形成绿色低碳生活方式，促进生活源固体废物减量化、资源化的重要抓手。

《"十四五"时期"无废城市"建设工作方案》明确指出，其工作目标是推动100个左右地级及以上城市开展"无废城市"建设，到2025年，"无废城市"固体废物产生强度较快下降，综合利用水平显著提升，无害化处置能力有效保障，减污降碳协同增效作用充分发挥，基本实现固体废物管理信息"一张网"，"无废"理念得到广泛认同，固体废物治理体系和治理能力得到明显提升。

学习金句

要以维护国家生态环境安全和人民群众身体健康为核心，完善固体废物进口管理制度，分行业分种类制定禁止固体废物进口的时间表，分批分类调整进口管理目录，综合运用法律、经济、行政手段，大幅减少进口种类和数量。要加强固体废物回收利用管理，发展循环经济。

——2017年4月18日，习近平总书记在中央全面深化改革领导小组第三十四次会议讲话

第四节 看得见山，望得见水，记得住乡愁

中国要美，农村必须美。

“黄泥路变成了硬化路，不再是‘晴天土、雨天泥’；村里定期清垃圾、清沟塘，环境干净多了，大家住得更舒心。”云南峨山彝族自治县双江街道洛泉村，绿水绕村流，枝头花正红，橙墙灰瓦的农家小院掩映其间，人居环境整治让小山村焕发生机。

江南水乡小桥流水，华北平原良田纵横，西南山区竹海苍翠，一个个干净整洁、风光宜人的村庄，成为广大农民的幸福家园，为美丽中国增添新景。

习近平总书记指出：“要持续开展农村人居环境整治行动，打造美丽乡村，为老百姓留住鸟语花香田园风光。”“要接续推进农村人居环境整治提升行动，重点抓好改厕和污水、垃圾处理。”

2003年6月，在时任浙江省委书记习近平的倡导和主持下，以农村生产、生活、生态的“三生”环境改善为重点，浙江在全省启动“千村示范、万村整治”工程，开启了以改善农村生态环境、提高农民生活质量为核心的村庄整治建设大行动。

19年的执着，千山万水更加美丽动人；

19年的跨越，千村万户更加美丽富裕。

浙江“千村示范、万村整治”工程的成功实践，为实施乡村振兴、构

建美丽中国提供了丰富的经验启示，新时代美丽乡村的新画卷正在徐徐铺展……

一、美丽乡村，美在生态，美在环境

天蓝、水清、树绿、花美、地净的美丽乡村，是每个中国人应该记得住的乡愁。

乡村要美，首先生态要美。

竹林雪花飘落，山间溪水淙淙。浙江桐庐县钟山乡，杭州一名游客在民宿房间里，透过窗户欣赏着冬日雪景。“整个民宿都在青山绿水环抱间，没想到大山深处还有这样一处世外桃源。”

钟山乡持续深化“五水共治”，建设“污水零直排区”，推进农村生活污水治理，落实河长制……通过一系列举措，实现了从“白水灰山”向“绿水青山”的美丽嬗变。

钟山乡的美丽蝶变，只是打造美丽乡村“生态名片”的一个缩影。

2018年9月26日，中共中央、国务院印发《乡村振兴战略规划（2018—2022年）》，要求大力实施乡村生态保护与修复重大工程，完善重要生态系统保护制度，促进乡村生产生活环境稳步改善，自然生态系统功能和稳定性全面提升，生态产品供给能力进一步增强。

江西赣州大余县南安镇新华村的山坡上，林木葱茏，树叶随风沙沙作响。村民谭祖金说：“因为多年采矿，植被遭到破坏，容易发生山体滑坡，一下大雨大家总担惊受怕。”2017年以来，大余县投入资金，对废弃矿山进行治理，完成矿山恢复治理面积0.9万亩，6家矿山入选全国绿色矿山名录，“不毛地”披上“绿衣裳”。

厦蓉高速湖南郴州市嘉禾县路段，道路两旁山林、农田、村庄、河流相映成趣，景色如画。近年来，嘉禾县积极开展农村人居环境整治、山林耕地修复治理、土壤污染防治，使生态环境得到极大改善，处处是生态美、环境优的美丽景观。

《乡村振兴战略规划（2018—2022年）》还明确提出，要扩大退耕还林还草，巩固退耕还林还草成果，推动森林质量精准提升；保护和恢复乡村河湖、湿地生态系统，积极开展农村水生态修复。

广东珠海市金湾区红旗镇三板村，水网密布，竹林摇曳。

“近几年，我们对河岸实施综合治理，恢复了河堤原本的生态和景观功能。”红旗镇镇长介绍。2019年，三板村还荣获了“全国乡村治理示范村”称号。

生态美，离不开田园美。

习近平总书记强调，“合理确定村庄布局分类，注重保护传统村落和乡村特色风貌，加强分类指导”“要慎砍树、不填湖、少拆房，尽可能在原有村庄形态上改善居民生活条件”。

浙江东阳坚持不改溪、不填塘、不砍树，不过度硬铺装。土地整治中，坚持生态优先。最大限度地保护原有田园风光，农作物、树木都是适宜本地种植的，且要尽可能与周边建筑、山体、河道协调。

以农作物为底色，村里还在垂钓馆附近种植了鸢尾，蔬菜基地旁种了向日葵，水塔附近种了紫云英……湖溪镇八里湾村成了一座农业公园。

生态美，家乡才美。

如今，在广袤的农村大地，群山逶迤、绿水环绕、气象万千、景色宜人，承载着朴素乡愁的田园风光，正在悄然唤醒中国人内心深处的家乡记忆。

二、美丽乡村更加宜居

走进乡村，人居环境正在发生变化。

垃圾少了，农村厕所升级，山更绿水更清……

“厕所革命”为乡村增“颜值”。

“一个土坑两块砖，三尺土墙围四边”，这是过去农村旱厕的真实写照。

小厕所，大民生。

关于“厕所革命”，习近平总书记强调，“随着农业现代化步伐加快，新农村建设也要不断推进，要来个‘厕所革命’，让农村群众用上卫生的厕所”“把农村厕所革命作为乡村振兴的一项重要工作，发挥农民主体作用，注重因地制宜、科学引导，坚持数量服从质量、进度服从实效，求好不求快，坚决反对劳民伤财、搞形式摆样子，扎扎实实向前推进”。

自“厕所革命”开展以来，昔日农村旱厕彻底“改头换面”。

“厕所装修一新，不怕日晒雨淋，冲水方便，干净又卫生。”湖北鹤峰县中营镇龙家湾村村民高兴地说，“几乎家家户户都变成了冲水式厕所，村里的环境好多了。”

在贵州台江县的一个苗寨，天津大学建筑学院开展的一个帮扶项目：帮助近70户村民设计卫生间，建立污水处理系统，推进当地“厕所革命”。秉承因地制宜、有效处理、经济适用原则，团队利用地势差减少能耗，以生态方法取代机械，相关设计简单实用、生态友好、经济负担小，村民可以独立运作和维护，获得当地高度认可。

近年来，农业农村部联合财政部组织实施农村“厕所革命”整村推进奖补政策，2020年安排资金74亿元。截至2020年底，全国农村卫生厕所普及率超过68%。

乡村的味道，应该是大自然的气息，夹杂着泥土的芬芳和花草的淡香，沁人心脾。

但有一段时间，在人们印象当中，农村街道生活污水横流，牲畜粪便随处可见，一股臭味始终挥之不去。

2017年11月，习近平总书记主持召开十九届中央全面深化改革领导小组第一次会议审议《农村人居环境整治三年行动方案》。会议强调，开展农村人居环境整治行动，要以农村垃圾、污水治理和村容村貌提升为主攻方向。

中共中央、国务院《关于全面加强生态环境保护 坚决打好污染防治攻坚战的意见》强调，坚持种植和养殖相结合，就地就近消纳利用畜禽养殖废弃物。

在江西定南县正和生态循环农业园，6个大发酵罐，可以日消纳800多吨粪污。“目前，已与全县112家畜禽养殖场签订了粪污量化收集处理协议，全县畜禽粪污资源化利用达到99.7%。”定南农业农村局负责人说。

2021年1月4日，中共中央、国务院印发《关于全面推进乡村振兴 加快农业农村现代化的意见》，强调统筹农村改厕和污水、黑臭水体治理，因地制宜建设污水处理设施。

浙江杭州市桐庐县梅蓉村，水绿山青，村容整洁。村口一个绘着梅花盛开美丽画面的“集装箱”引人注目，走近细看，才发现是生活污水处理设施。

“农村污水处理设备升级了，从根本上解决了村里污水直排、散排、乱排问题，周围320户村民直接受益。”梅蓉村党委书记、村委会主任说。

黑龙江佳木斯市桦南县东华村，61岁的徐德成有了新头衔——街长，负责自家门前巷道的卫生清洁和绿化美化，“好环境来之不易，只有自己动手、人人参与，才能维持长久”。

“新农村建设极大改善了人居环境，硬化、亮化、美化、绿化后的农村处处好风光，空气还比城里好，一到周末孩子们都跑回来住。”江西南昌县幽兰镇南湖万家村村民说。

现如今，“环境美”携手“生活美”一起来敲门。空气清新了，道路干净了，农民生活质量不断提升，农村的人气也越来越旺了。

三、美丽乡村催生美丽经济

“美丽”也要当饭吃——简单而朴素的道理。

2021年热播的电视剧《山海情》，让更多人了解到宁夏永宁县闽宁镇的发展历史和干部群众自立自强的精神面貌。如今，当地生态旅游日益红火，位于闽宁镇原隆村的红树莓扶贫生态产业园内，游客络绎不绝。

“我们将推进有机绿色无公害农业与现代观光农业相结合，形成‘自然—生产—有机—休闲—康乐’生态休闲景观综合体。”生态产业园负责人介绍，“产业园惠及原隆村761户村民，户均每年增收1500元。农民实现就近就业，每年采摘期可解决600余人次就业。”

闽宁镇的今天，充分表明在保护生态环境的同时，发挥自身生态优势，快速发展农业观光、有机农产品等多元产业，可以实现经济生态化、生态经济化。

2017年12月，习近平总书记主持召开中央农村经济工作会议。会议强调，必须坚持人与自然和谐共生，走乡村绿色发展之路。以绿色发展引领生态振兴，统筹山水林田湖草系统治理，加强农村突出环境问题综合治理，建立市场化多元化生态补偿机制，增加农业生态产品和服务供给，实现百姓富、生态美的统一。

远见卓识源于切身实践，高瞻远瞩始自深入调研。

2019年9月，习近平总书记在河南考察时强调，利用荒山推广油茶种植，既促进了群众就近就业，带动了群众脱贫致富，又改善了生态环境，一举多得。

2021年6月，习近平总书记在青海考察时强调要推动巩固拓展脱贫攻坚成果同乡村振兴有效衔接，加强农畜产品标准化、绿色化生产，做大做强有机特色产业，实施乡村建设行动，改善农村人居环境，提升农牧民素质，繁荣农牧区文化。

…………

习近平总书记指出的是一条发展生态经济的致富路，也是一条助推乡村振兴的双赢路。

近年来，广东珠海市将乡村产业发展融入粤港澳大湾区发展战略，发展美丽经济，打造湾区乡村旅游目的地。

“以美丽乡村撬动美丽经济，带动村民参与旅游就业、创业，促进村民劳务性收入水平提高，莲洲镇累计带动368名村民年人均增收约4.2万元，让农民在家门口有景看、有活干、有钱赚。”珠海市斗门区委农办相关负责人说。

“草木植成，国之富也。”当生态优势转变为经济优势，当美丽风景带来崭新动能，人民对美好生活的向往逐渐变为现实。

江西赣州市定南县杨眉村，创业者通过畜禽粪污进行沼气发电，沼渣生物发酵生产有机肥，肥沃土地后，种上耐贫瘠的皇竹草，收割后成为优质饲料——如此闭环操作，养殖产生的相关问题迎刃而解。

“去年，有机肥卖了1.4万吨，发电1800万千瓦时，仅这两项就能带来不少收入。”项目负责人介绍。

“守好绿水青山，在家门口就能赚钱！”浙江杭州市桐庐县富春江镇芦茨村的民宿经营者兴奋地说。

在村里的乡村慢生活体验区，芦茨溪清波如碧，游客笑语欢声。桐庐县着力打造美丽乡村，好风景带来好光景。2021年1月至10月，全县实现旅游总收入87.4亿元，同比增长47.4%。

美丽生态、美丽生活、美丽经济融合发展，在农村大地生动演绎。

青山绿水田园美，宜居宜业更宜游。沐浴着新时代的阳光，一个个干净整洁、风光宜人的村庄正焕发出新的生机，成为农民的幸福家园。

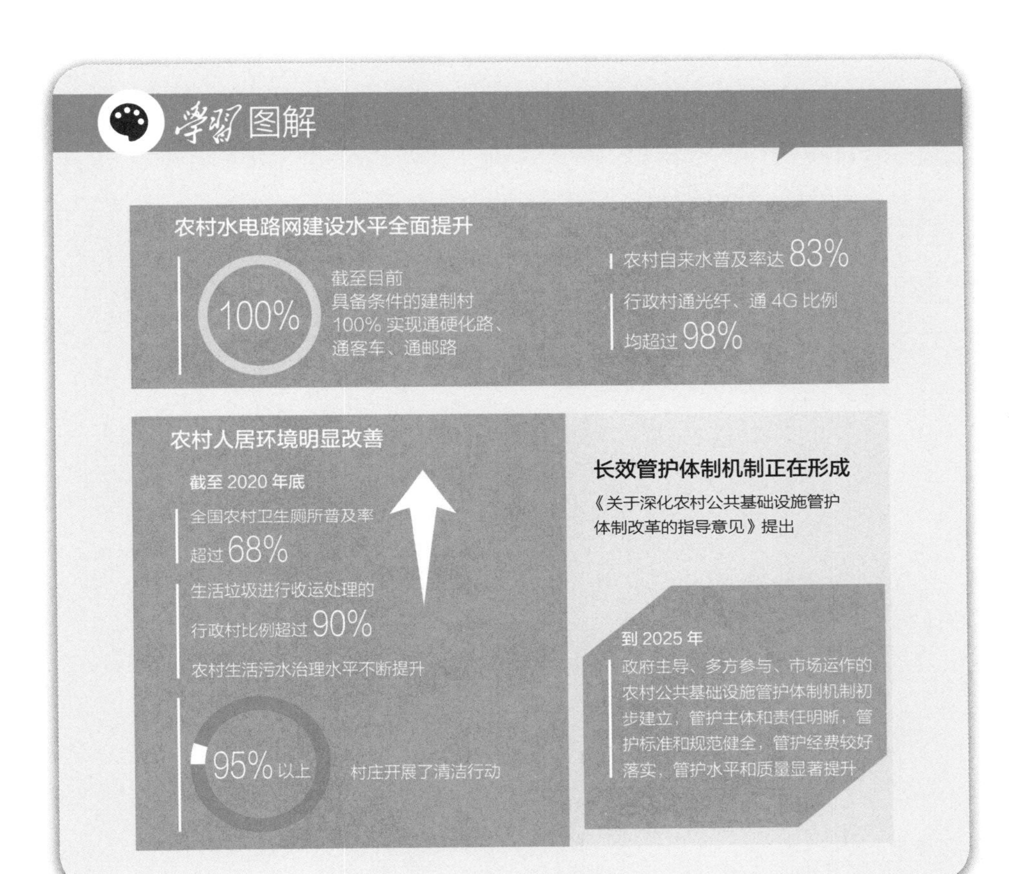
学习图解
农村水电路网建设水平全面提升
100%
截至目前
具备条件的建制村
100% 实现通硬化路、
通客车、通邮路
农村自来水普及率达 83%
行政村通光纤、通 4G 比例
均超过 98%
农村人居环境明显改善
截至 2020 年底
全国农村卫生厕所普及率
超过 68%
生活垃圾进行收运处理的
行政村比例超过 90%
农村生活污水治理水平不断提升
95% 以上
村庄开展了清洁行动
长效管护体制机制正在形成
《关于深化农村公共基础设施管护
体制改革的指导意见》提出
到 2025 年
政府主导、多方参与、市场运作的
农村公共基础设施管护体制机制初
步建立，管护主体和责任明晰，管
护标准和规范健全，管护经费较好
落实，管护水平和质量显著提升

第三章

绿色发展之美

——坚持绿水青山就是金山银山，增强高质量发展的绿色底色和成色

- 绿色扮靓高质量发展的底色和成色
- 人不负青山，青山定不负人
- 聚焦重大战略，打造绿色发展高地

第一节 绿色扮靓高质量发展的底色和成色

“坚定不移走生态优先、绿色发展之路。”

在世界经济形势严峻复杂、国内经济增长面临下行压力之时，我们毅然做出选择：加大生态文明建设力度，加快绿色发展步伐，全力以赴建设人与自然和谐共生的现代化。

这是艰巨的挑战，也是巨大的机遇。

知行合一，中国以前所未有的力度推进绿色发展，富了产业，美了家园——

脱贫攻坚战中，柞水木耳、平利茶叶、大同黄花以“绿”生“金”，带动贫困人口脱贫增收；

“五一”小长假，浙江安吉县余村的客栈几乎天天客满……

放眼神州，新能源汽车、绿色智能家电、智能家居，绿色智能产品更受青睐；

在集中60%以上5A和4A级旅游风景名胜区的中西部地区，森林旅游、休闲康养等绿色产业飞速崛起；

人力、技术、资金等要素向低碳方向流动，数字经济正在绿水青山间孕育……

绿色发展的中国，向绿色经济要红利，铺就全面小康社会的最美底色；绿色发展的中国，向绿色转型要出路，实现高质量发展的最美跃升。

一、发展观的一场深刻革命

"着力推进绿色发展。"2012年12月，习近平担任总书记后首次赴外地考察时就谆谆告诫。

历经40多年快速发展，中国在经济社会发展取得巨大进步的同时，粗放的发展方式已经难以为继。2012年，中国经济总量约占全球11.5%，却消耗了全球21.3%的能源、45%的钢、43%的铜、54%的水泥，排放的二氧化硫、氮氧化物总量位居世界第一。

粗放的资源能源消耗方式，不仅造成生态环境问题，而且使我国制造业体系长期处于"高耗能、高污染、高排放"的低效运转模式，拉低了企业效益水平，降低了产品的国际竞争力。

"如果仍是粗放发展，即使实现了国内生产总值翻一番的目标，那污染又会是一种什么情况？届时资源环境恐怕完全承载不了。"2013年4月，习近平总书记在中央政治局常委会上说，"经济上去了，老百姓的幸福感大打折扣，甚至强烈的不满情绪上来了，那是什么形势"？

发展理念和发展方式的转变，迫在眉睫——要实现什么样的发展、怎样实现发展？

2015年10月，党的十八届五中全会上，凝聚着对中国发展道路的深邃思考，创新、协调、绿色、开放、共享的新发展理念，在对局部与整体、历史与未来、中国与世界的深刻把握中登高望远。

绿色发展，成为新发展理念的重要组成部分。

着眼于人与自然和谐共生、经济与生态协调共赢，绿色发展理念为生态文明建设和推动可持续发展指明了正确方向和可行途径。

绿色发展理念的指引下，继续唯国内生产总值是瞻？还是生态环保优先？

"我们一定要彻底转变观念，就是再也不能以国内生产总值增长率来论英雄了，一定要把生态环境放在经济社会发展评价体系的突出位置。"

习近平总书记严肃地指出。

政绩考核的“指挥棒”，越来越清晰地指向绿色低碳。党的十八届三中全会明确要求，“纠正单纯以经济增长速度评定政绩的偏向”。

2013年底，中组部印发《关于改进地方党政领导班子和领导干部政绩考核工作的通知》，规定各类考核考察不能仅仅把地区生产总值及增长率作为政绩评价的主要指标，要求加大资源消耗、环境保护等指标的权重。

2016年底，《生态文明建设目标评价考核办法》正式公布，生态责任成为政绩考核的必考项。

国内生产总值“紧箍咒”就此解除，各地对发展的认识也开始扭转。

钢铁、煤炭、水泥产能巨大的河北，咬紧牙关，爬坡过坎，强力推进大气污染防治，在经济“体格”变大的同时，环境“气质”提升。

“对34个重点生态功能区的县取消国内生产总值考核，优先考评生态保护。”生态环境基础较好的福建省建立绿色目标考核体系，这些县“轻装上阵”，推进生态保护更加有底气。

事实上，取消国内生产总值考核并非福建独创。近年来，浙江、贵州、四川、新疆等不少省（区、市），都在探索对限制开发区域的农产品主产区、重点生态功能区、生态环境脆弱的贫困区等地区的领导干部淡化国内生产总值考核，转而加大生态文明建设等考核目标的权重。

发展观与政绩观，向绿色发展显著转变。

高质量发展的导向里，“绿色”更是题中应有之义。

“绿色发展是构建高质量现代化经济体系的必然要求，是解决污染问题的根本之策。”“探索以生态优先、绿色发展为导向的高质量发展新路子。”一次次考察、一次次会议中，习近平总书记反复叮嘱。

《国民经济和社会发展第十四个五年规划和2035年远景目标纲要》，把“推动绿色发展”“建设美丽中国”作为明确要求。

中组部《关于改进推动高质量发展的政绩考核的通知》明确指出，要对应创新、协调、绿色、开放、共享发展要求，精准设置关键性、引领性指标，实行分级分类考核。

“绿色”，让高质量发展道路越走越宽广。

二、铁腕治理，绿色升级

长江之畔，湖北宜昌。

宜昌对沿江1千米内的所有化工企业铁腕清理，2017年国内生产总值增速跌落到2.4%。宜昌咬紧牙关，强力推动化工企业转型升级，着力培育新兴产业，2018年国内生产总值增长达到7.5%。

江水奔流不息，两岸绿意盎然。2018年1月至9月，长江经济带水质断面优良比例为77.2%，比2015年底提高10.2个百分点。同期，长江经济带国内生产总值总额占全国44.1%，比2015年提高1.8个百分点。“共抓大保护不但没有影响经济发展，而且促进了新旧动能转换和高质量发展。”国家发展改革委相关负责同志表示。

以往，中国一些地方、一些行业经济发展方式粗放，在资源环境方面付出了沉重代价，积累了大量生态问题。

根本改善生态环境状况，必须改变过多依赖增加物质资源消耗、过多依赖规模粗放扩张、过多依赖高能耗高排放产业的发展模式。

“要以壮士断腕、刮骨疗伤的决心，积极稳妥腾退化解旧动能。”习近平总书记明确要求。

抛弃先污染后治理老路、探索绿色发展新路，对一座城市、一个企业来说是艰难的挑战，对中国经济来说更是必须跨越的一道关口。

这道关口，我们步履坚定地跨越——

“禁新建”“减存量”“关污源”“进园区”“建新绿”……各地迅速行动，大力整治“散乱污”企业。

持续严格控制高耗能高排放项目盲目扩张，依法依规淘汰落后产能，加快化解过剩产能……各行业严格准入条件，遏制盲目发展。

不懈努力下，中国高耗能项目产能扩张得到有效控制，石化、化工、钢铁等重点行业转型升级加速，提前两年超额完成“十三五”化解钢铁过剩产能1.5亿吨上限目标任务，2017年取缔“地条钢”产能1亿多吨。

如果说告别污染企业，展现的是决心与魄力，那么产业绿色升级，实现智慧转型，带来的则是蝶变与新生。

“打个通俗的比喻，就是要养好‘两只鸟’：一个是‘凤凰涅槃’，另一个是‘腾笼换鸟’。”习近平同志形象地说。

腾笼不是空笼，要先立后破，还要研究“新鸟”进笼“老鸟”去哪。

重点是调结构、优布局、强产业、全链条。

2015年4月，中共中央、国务院《关于加快推进生态文明建设的意见》指出，要构建科技含量高、资源消耗低、环境污染少的产业结构，加快推动生产方式绿色化，大幅提高经济绿色化程度。

站在绿色发展的视角上，传统产业不是包袱，转型升级就能成为新财富。

迁安钢铁有限责任公司实施超低排放改造，成为全国首家全工序超低排放企业。公司负责人说：“我们主动改造升级，今后主攻电工钢、汽车板等高端板材。”

“空笼”飞进“新鸟”，各地积极拥抱“高精尖”产业。

在杭州，在原半山钢铁基地地块上，一座崭新的杭钢云计算数据中心拔地而起。众多高新技术、互联网龙头企业入驻智慧网谷小镇，完成了从老工业区到现代商业商务区的涅槃重生。

在上海，集成电路、生物医药、人工智能三大产业全力推进。

在北京，曾经的首钢工业园区里，三一重工灯塔工厂、小米无人工厂、京东方智造……一批高速运转的智慧工厂，正向人们展示中国智造未来工厂的崭新面貌。

结构转型，数字引领，绿色产业赢得澎湃动能——

2011年至2020年，能耗强度累计下降28.7%；

高技术制造业占比从2012年的9.4%提高到2020年的15.1%；

第三产业占国内生产总值比重2020年达到54.5%；

“十三五”规划纲要确定的生态环境约束性指标均圆满超额完成；

…………

坚持破立并举、加减并做，传统产业转型升级步伐加快，绿色特色优势现代产业体系蓬勃发展，经济发展与生态环境保护更加协调。伴随绿色发展的进程，中国的经济不断提质增效。

三、让绿色成为普遍形态

必须实现“绿色成为普遍形态”的高质量发展，党的十九届六中全会如是要求。

“建立绿色低碳发展的经济体系，促进经济社会发展全面绿色转型。”习近平总书记多次强调。

如何促进经济社会发展“全面”绿色转型？这就要把绿色融入经济社会发展的各个方面，汇聚强大合力。

“东部盟市把保护好大草原、大森林、大河湖、大湿地作为主要任务，中部盟市立足产业基础和产业集群优势推动高质量发展，西部盟市重点加强黄河流域生态保护和荒漠化治理。”内蒙古发挥各地区能力特质，在发展方式上全方位谋划，最大限度地培植绿色发展优势。

“作为高耗水企业，建厂之初就树立技术节水理念，引入海水淡化技术，减少自来水使用量，将节水作为企业效益的增长点。”中沙（天津）石化有限公司的动作折射出天津的节水理念。

人均本地水资源仅为全国平均水平的1/20，天津把水资源作为最大的刚性约束，以水定城、以水定地、以水定人、以水定产。一个“定”字，落实在制度、技术、管理的方方面面。

地方发展在调整，行业领域发展也在华丽转身。

2020年3月，国家发展改革委、司法部印发《关于加快建立绿色生产和消费法规政策体系的意见》；

2021年2月，国务院发布《关于加快建立健全绿色低碳循环发展经济体系的指导意见》；

2021年10月，中办、国办发布《关于推动城乡建设绿色发展的意见》；

…………

一系列顶层设计，指向全方位全过程推行绿色规划、绿色设计、绿色投资、绿色建设、绿色生产、绿色流通、绿色生活、绿色消费。

色彩缤纷的铝合金格栅斜向交叉，在夜间的光影作用下，仿佛飘落的雪花……北京冬奥会冰球训练场馆五棵松冰上运动中心不仅有超高“颜值”，还采用二氧化碳制冰、屋面光伏发电，实现了超低能耗。

近年来，我国绿色节能建筑实现跨越式增长。截至2020年底，全国城镇当年新建绿色建筑占新建建筑比例达到77%，累计建成绿色建筑面积超过66亿平方米。

到2025年，城镇新建建筑预计将全面执行绿色建筑标准。

“以前，港口码头经常有大货车排成长龙。近几年，我们持续推进大宗商品‘公转铁’‘散改集’，不仅让港口集疏运更加井然有序，也大幅减少了汽车尾气排放。”天津港股份有限公司业务部负责人说。

港口“公转铁”“公转水”，是我国近年来运输结构调整的一个缩影。

2018年，我国启动了《推进运输结构调整三年行动计划（2018—2020年）》，深入实施铁路运能提升、水运系统升级等六大行动，以推进大宗货物运输“公转铁”“公转水”为主攻方向，不断完善综合运输网络，减少公路运输量，增加铁路运输量。

从北到南，从东到西，从零能耗建筑到绿色矿山，从智慧家居到环境管家，政策加持与落实推动正在加速经济社会发展的绿色进度条，中国迈向高质量发展阶段的步伐越加稳健有力。

四、节能降碳，发展增绿

“中国将提高国家自主贡献力度，采取更加有力的政策和措施，二氧化碳排放力争于2030年前达到峰值，努力争取2060年前实现碳中和。”2020年9月22日，在第七十五届联合国大会一般性辩论上，习近平主席掷地有声。

实现碳达峰、碳中和，是以习近平同志为核心的党中央经过深思熟虑作出的重大战略决策，是我们对国际社会的庄严承诺，也是推动高质量发展的内在要求。

君子重然诺。

2021年9月以来，中共中央、国务院印发的《关于完整准确全面贯彻新发展理念做好碳达峰碳中和工作的意见》，明确了我国实现碳达峰、碳中和的时间表、路线图；国务院制定的《2030年前碳达峰行动方案》，聚焦2030年前碳达峰目标描绘路线图……

各项工作稳步有序推进，碳达峰碳中和“1+N”政策体系加快构建。

主大计者，必执简以御繁。

能源，是经济社会发展的重要物质基础，也是碳排放的最主要来源。就我国而言，当前碳排放大多源自化石能源的利用过程。

能不能不用或少用化石能源来解决碳排放问题？人们将目光投向可再生能源。

在库布齐沙漠腹地，占地近5万亩的鄂尔多斯市达拉特旗光伏发电应用领跑基地犹如一片蓝色光海。2021年6月，基地5个光伏项目区全部并网发电成功，年发电量达20亿千瓦时，每年可节约标准煤68万吨、减排粉尘45万吨。

山西最北端的城市大同被称为“煤都”。眼下，这里正加速探索向“新能源之都”迈进，着力打造风电、光伏等“六大新能源产业集群”。截至2021年8月，大同市新能源装机达到近630万千瓦，占全市电力总装机的近一半。

大型风电光伏基地项目有序开工，整县屋顶分布式光伏开发试点推进，风机向海上和平原地区布局……一批可再生能源项目建设正如火如荼地展开。

日拱一卒，功不唐捐。我国已形成较为完备的可再生能源技术产业体系，开发利用规模世界第一。截至2020年底，我国水电、风电、光伏发电、生物质发电装机容量分别连续16年、11年、6年和3年稳居全球首位。2020年我国可再生能源开发利用规模达6.8亿吨标准煤，相当于替代煤炭近10亿吨，减少二氧化碳排放约17.9亿吨。

可再生能源成绩斐然，但要替代化石能源，成为我国能源消费结构的主体，还需要时间。

富煤贫油少气是中国国情。产煤、烧煤，是我们千百年的传统。

走进国家能源集团江苏宿迁电厂，两台660兆瓦超超临界二次再热机组正有序运转。

“我们采用‘汽电双驱’引风机高效灵活供热技术，实现电能和热能双向无缝转换。并借助智慧管控系统实现锅炉氧量自动寻优，提升锅炉燃烧效率。”宿迁电厂负责人介绍，2020年，机组供电煤耗低至263克标准煤/千瓦时，每年可节约标准煤14.4万吨。

近年来，中国实施能源消费强度和总量双控制度，深入开展煤电节能减排升级改造，煤电机组供电煤耗持续保持世界先进水平。据测算，供电能耗降低使2020年火电行业相比2010年减少二氧化碳排放3.7亿吨。

煤炭消费占比持续明显下降。立足国情统筹绿色发展与能源安全，清洁低碳安全高效的能源体系正在逐步构建。

实现碳达峰、碳中和，是一场广泛而深刻的经济社会变革，绝不是轻轻松松就能实现的。

推进“双碳”工作等不得，也急不得。

“要坚定不移推进，但不可能毕其功于一役。”

2021年12月的中央经济工作会议，对碳达峰碳中和问题深入阐释、正本清源，传递出以新发展理念统筹发展和安全，在解决问题中推进高质量发展的积极信号。

“不能把手里吃饭的家伙先扔了，结果新的吃饭家伙还没拿到手，这不行。”在2022年参加全国两会内蒙古代表团审议时，习近平总书记强调，“既要有一个绿色清洁的环境，也要保证我们的生产生活正常进行”。

实现碳达峰碳中和是一场硬仗，也是对我们党治国理政能力的一场大考。坚决扛起碳达峰、碳中和责任，拿出抓铁有痕的劲头，如期实现2030年前碳达峰、2060年前碳中和的目标，我们就一定能为应对全球气候变化、实现人类可持续发展作出更大贡献，以生态文明之光照耀前行道路。

学习链接

什么是碳达峰、碳中和

习近平总书记指出：“实现‘双碳’目标，不是别人让我们做，而是我们自己必须要做。”

什么是碳达峰、碳中和？

通俗来讲，碳达峰指二氧化碳排放量在某一年达到了最大值，之后进入下降阶段；碳中和则指一段时间内，特定组织或整个社会活动产生的二氧化碳，通过植树造林、海洋吸收、工程封存等自然、人为手段被吸收和抵消掉，实现人类活动二氧化碳相对“零排放”。

实现“双碳”目标不是要完全禁止二氧化碳排放，而是在降低二氧化碳排放的同时，促进二氧化碳吸收，用吸收抵消排放，促使能源结构逐步由高碳向低碳甚至无碳转变。

截至2021年11月，中国已发布《关于完整准确全面贯彻新发展理念做好碳达峰碳中和工作的意见》和《2030年前碳达峰行动方案》，还将陆续发布能源、工业、建筑、交通等重点领域和煤炭、电力、钢铁、水泥等重点行业的实施方案，出台科技、碳汇、财税、金融等保障措施，形成碳达峰碳中和“1+N”政策体系，明确时间表、路线图、施工图。

第二节 人不负青山，青山定不负人

高山之上，春风、春雨、春茶，云山、云海、云田，一望无际。

2021年4月21日，陕西安康平利县老县镇蒋家坪村女娲凤凰茶业现代示范园区一座茶山，习近平总书记拾级而上，一垄垄茶树长势正旺。

茶农看到习近平总书记来了，围拢上来，一五一十向习近平总书记讲："采茶季每年有3个月，手快的一天能拿两百多块，少的也有百来块。就像您说的，绿水青山就是金山银山！"

人不负青山，青山定不负人，绿水青山既是自然财富，又是经济财富，习近平总书记高兴地说："希望乡亲们因茶致富、因茶兴业，脱贫奔小康！"

党的十八大以来，习近平总书记多次强调"绿水青山就是金山银山"。

2013年9月，习近平主席在哈萨克斯坦纳扎尔巴耶夫大学回答学生提问时阐述："我们既要绿水青山，也要金山银山。宁要绿水青山，不要金山银山，而且绿水青山就是金山银山。"

2016年3月，习近平总书记在参加十二届全国人大四次会议黑龙江代表团审议时强调："绿水青山是金山银山，黑龙江的冰天雪地也是金山银山。"

在习近平生态文明思想的指引下，"绿水青山就是金山银山"的发展理念深入人心，许多地方从以牺牲环境来换取经济增长的"靠山吃山"，转变为通过保护环境来优化经济增长的"靠山吃山"，绿色发展道路越走越宽广，一幅幅天蓝、山绿、水清、人美的生活图景正在神州大地徐徐铺展。

一、生态本身就是经济

一个村庄的变化，可以折射出一个国家的变迁。

20世纪70年代，浙江安吉开始开山采矿，环境遭到严重破坏。2005年8月15日，时任浙江省委书记习近平在安吉余村考察时强调“绿水青山就是金山银山”。

理念一变天地宽。

如今，17年过去，安吉余村“不卖石头卖风景”，成为“安且吉兮”的宜居宜业宜游之地。

从“绿水青山是人民幸福生活的重要内容”到“保住绿水青山要抓源头”，从“绿水青山和金山银山决不是对立的，关键在人，关键在思路”到“探索一条生态脱贫的新路子”，习近平总书记不断强调“绿水青山就是金山银山”，就是要尽最大可能维持经济发展与生态环境之间的精细平衡。

在吉林四平梨树县，习近平总书记要求“一定要采取有效措施，保护好黑土地这一‘耕地中的大熊猫’”；

在宁夏银川贺兰县，习近平总书记称赞稻渔空间乡村生态观光园“水资源利用效率提高了，附加值也上来了”；

…………

把绿水青山变成金山银山，是习近平总书记的关切，也是各地生动的发展实践。

在湖北恩施，鹤峰县下坪乡石堡村村民从“砍树人”变成“种树人”，依托青钱柳、红枫等经济林，实现“种+游”全产业链发展；

在新疆阿克苏，昔日亘古荒原上建成一道集生态林、经济林于一体的

“绿色长城”，让风沙之源变成绿色果园；

在山西汾阳贾家庄村，曾经的村办工业厂区转型为集工业文化创意、乡村民俗旅游、康体养老休闲于一体的文化生态旅游村，村民人均收入大幅提高；

…………

“人养山，山才养人。”江西赣州定南县白驹村村民感叹，“以前斧头伸向山，山越秃人越穷。如今种了上千亩脐橙，山绿了，日子也火了。”

旅游旺季，浙江安吉余村春林山庄的主人每天都忙个脚朝天——要为络绎不绝的游客准备足够的土菜食材：笋干、土鸡、咸肉……基本都是村里的特产。

“我以前是石矿的一名拖拉机手，矿山关闭后办起了村里最早的民宿，收入增加几十倍不说，推开门就是满山满眼的绿色，让人身心舒畅。”忆及往昔，他既得意自己很早就“吃螃蟹”搞起民宿，也很欣慰当年村里把矿山都关停了。

生态治理好了，经济发展也有了更多的活力。只要勤劳肯干，守着绿水青山一定能收获金山银山。

赣南脐橙、定西土豆、陕北苹果……这些年，中国多个水土保持重点治理区里发展了一大批水土保持特色产业，超过3000万人从中受益。

水土保持和经济发展，不再是一道非此即彼的选择题。

绿水青山就是金山银山、冰天雪地也是金山银山。

借助北京冬奥会带来的发展机遇，“冰雪经济”近年来呈现“冷资源”释放“热效应”的势头，冰雪产业点冰成玉、化雪成金。

浙江台州天台县石梁镇打造的冰雪经济已经成为周边群众增收致富的新引擎，真正实现了“用白雪换白银”；

河北张家口崇礼区每5人中就有1人从事冰雪相关工作，直接或间接从事冰雪产业和旅游服务人员达3万多人；

吉林省吉林市船营区大绥河镇小绥河村虽然仅有50户人家，却建设了

10条标准化雪道，2021年至2022年雪季，滑雪场日均游客接待量逾1500人；

…………

“绿水逶迤去，青山相向开。”前进道路上，要牢固树立绿水青山就是金山银山理念，把绿水青山建得更美，把金山银山做得更大，让全面小康成果更实、成色更足、质量更高，让伟大祖国青山常在、绿水长流、空气常新。

二、“常青树”变为“摇钱树”

一阵清风吹过，盛夏里的福建三明，青山沙沙作响。对这片葱郁的绿色，三明人早已习以为常。

2021年5月18日，随着一张编号“0000001”的林业“碳票”成功发放，这片绿色背后的价值即将有个新说法。

“以往，我们常口村每亩生态公益林每年仅有几十元补偿金。”掰着手指，村民算起细账，“如今有了碳票交易，村里通过被收储的1万吨碳减排量，新增14万元收入。”

“求木之长者，必固其根本；欲流之远者，必浚其泉源。”

思想是行动的先导，如何打通“绿水青山”和“金山银山”双向转化通道？

生态资源权益交易是一个很好的方式。

那么什么样的生态资源权益可以用来交易？

是山？是水？还是空气？

2021年，中办、国办印发的《关于建立健全生态产品价值实现机制的意见》给出了答案。

“鼓励通过政府管控或设定限额，探索绿化增量责任指标交易、清水增量责任指标交易等方式，合法合规开展森林覆盖率等资源权益指标交易。健全碳排放权交易机制，探索碳汇权益交易试点。健全排污权有偿使用制度，拓展排污权交易的污染物交易种类和交易地区。探索建立用能权交易机制。探索在长江、黄河等重点流域创新完善水权交易机制。”

闻令而动，使命必达。

在福建福州，2022年1月1日，连江县完成15000吨海水养殖渔业海洋碳汇交易项目，实现全国首宗海洋渔业碳汇交易。

在江西，好山、好水、好空气等成为生产要素，或折价入股，或买卖变现。乐安县绿园生态林场，1吨好空气通过碳汇交易卖出了11.5吨自来水的价钱。

在甘肃武威，农户间的水权交易，实现了节水就是省钱！

…………

水权、用能权、排污权、碳排放权等是基本环境权益，通过交易的方式，有助于资源环境权益“生钱”，让发展“含绿量”和生态“含金量”同步提升。

三、生态保护补偿，点亮绿色未来

一江碧水出新安，百转千回下钱塘。

发源于安徽黄山休宁县的新安江是浙江省最大的入境河流。2012年，财政部、原环保部等有关部委在新安江流域启动实施全国首个跨省流域生态保护补偿机制试点，安徽和浙江两省约定，如果年度水质达到考核标准，浙江就拨付给安徽1亿元，否则相反。

现如今，新安江成为全国水质优良的河流之一。

那么问题来了，什么是生态保护补偿？

生态保护补偿是指生态保护受益方以资金、项目、技术等方式，给予生态保护提供方以补偿。受益方是广大的区域或不特定的人群时，由政府代表受益方给生态保护者以补偿。

从《关于健全生态保护补偿机制的意见》到《关于深化生态保护补偿

制度改革的意见》；

从《关于建立健全长江经济带生态补偿与保护长效机制的指导意见》到《支持引导黄河全流域建立横向生态补偿机制试点实施方案》。

党的十八大以来，我国不断加大生态保护补偿和转移支付力度。有关部门持续加大对重要生态系统、重点区域的补偿力度，探索市场化、多元化的生态保护补偿方式，推动我国建成了世界范围内受益人口最多、覆盖领域最广、投入力度最大的生态保护补偿机制。

在中央财政的大力支持下，生态环境部已经指导协调了18个相关省份，签订了13个跨省的流域横向生态补偿协议：

湘渝共签酉水流域横向生态保护补偿协议；

云贵川三省签署赤水河流域横向生态保护补偿协议；

赣粤两省同设东江流域上下游横向生态保护补偿资金；

豫鲁共签黄河流域第一个省际横向生态补偿协议；

…………

不止于流域——

山东制定了环境空气质量生态补偿暂行办法，当一个设区市同比“气质”提升，省里就奖励，发“红包”；“气质”恶化，就受罚，向省里交钱；

西藏结合生态安全屏障保护与建设，加大国家重点生态功能区转移支付力度，2016年以来累计提供生态岗位70万个，群众增收近40亿元；

深圳大鹏新区创新实施货币化生态补偿制度，出台《大鹏半岛生态保护专项补助考核和实施细则》《关于大鹏半岛保护与开发综合补偿办法》等文件，直接受益村民超过1.6万；

…………

2020年，我国各类生态保护补偿资金总量约1800亿元，以生态保护补偿“护绿”“增绿”“活绿”，定能让绿水青山底色更亮、金山银山成色更足。

四、路子对了，就要走下去

天下事有难易乎？

为之，则难者亦易矣；不为，则易者亦难矣。

“抓生态文明建设，既要靠物质，也要靠精神。”“路子对了，就要坚持走下去，久久为功，不要反复、不要折腾。”习近平总书记的教诲温暖深切。

长汀，曾是我国南方红壤区水土流失最严重的地区之一，“山光、水浊、田瘦、人穷”道出了当年的困境。习近平同志在福建工作期间，指示把长汀建设成为环境优美、山清水秀的生态县。

20多年来，“咬定青山不放松”的长汀人，立足一个目标，用久久为功换回的绿水青山赶跑了贫困，走上了绿富共赢的新征程。

“过去的‘火焰山’，现在成了‘花果山’，变化真是天上地下！”站在长汀县露湖村山上的板栗林间，村民啧啧赞叹。

如何为子孙后代留下可持续发展的“绿色银行”？

铢积寸累，日就月将，以尺寸之功积千秋之利。

河北塞罕坝机械林场三代职工，在“黄沙遮天日，飞鸟无栖树”的荒漠沙地上艰苦奋斗，创造了荒原变林海的人间奇迹，这百万亩森林，成为林场生产发展、职工生活改善、周边群众脱贫致富的“绿色银行”；

山西右玉历任县委书记展开植树接力，带领人民创造了荒漠变绿洲的人间奇迹，不毛之地变成塞上绿洲，生态牧场、特色旅游让农民的“钱袋子”鼓起来；

以“六老汉”为代表的甘肃古浪县八步沙林场三代职工，持之以恒推进治沙造林事业，以愚公移山精神生动书写了从“沙逼人退”到“人进沙退”的绿色篇章，把“沙窝窝”变成“金窝窝”；

陕西榆林米脂县高西沟村四任村党支部书记，一任接着一任干，坚持不懈带领村民治山治沟、封山禁牧、综合治理，铺展开一幅美丽的绿色画卷，2020年全村人均可支配收入超过1.8万元；

…………

人不负青山，青山定不负人。生态就是经济，保护生态，就是在保护自然价值和增值自然资本，也是在为经济社会发展培育潜力和后劲。只要锲而不舍、久久为功，就一定能把绿水青山变成金山银山。

学习金句

保护生态环境就是保护生产力，改善生态环境就是发展生产力，这是朴素的真理。我们要摒弃损害甚至破坏生态环境的发展模式，摒弃以牺牲环境换取一时发展的短视做法。要顺应当代科技革命和产业变革大方向，抓住绿色转型带来的巨大发展机遇，以创新为驱动，大力推进经济、能源、产业结构转型升级，让良好生态环境成为全球经济社会可持续发展的支撑。

——2021年4月22日习近平主席在“领导人气候峰会”上的讲话

第三节 聚焦重大战略，打造绿色发展高地

绿色是永续发展的必要条件和人民对美好生活追求的重要体现。区域发展和绿色发展融合，以相加之法得相乘之效。

广袤大地上，长江经济带发展、黄河流域生态保护和高质量发展协同并进；

京津冀、粤港澳、长三角打造活跃增长极；

青藏高原打造生态文明高地；

…………

在习近平生态文明思想的指引下，区域绿色发展日益呈现新面貌，为我国经济高质量发展注入强劲动能。

一、京津冀协同发展：同守一方绿

2014年2月26日，北京。

“京津冀地缘相接、人缘相亲，地域一体、文化一脉，历史渊源深厚、交往半径相宜，完全能够相互融合、协同发展。”“京津冀协同发展意义重大，对这个问题的认识要上升到国家战略层面。”习近平总书记的话语，掀开了京津冀三省市发展新的历史篇章。

在习近平总书记的亲自谋划、亲自部署、亲自推动下，京津冀协同发

展大幕开启。按照《京津冀协同发展规划纲要》要求，北京非首都功能有序疏解、雄安新区建设热火朝天、北京城市副中心城市框架全面拉开、重大改革创新举措落地……

2021年初，习近平总书记在北京、河北考察，主持召开北京2022年冬奥会和冬残奥会筹办工作汇报会并发表重要讲话，强调推动京津冀协同发展，努力在交通、环境、产业、公共服务等领域取得更多成果。

京津冀三地，同守一方绿，共护一片天——

北京集中开展大气污染防治，持续深化“一微克”行动，2021年优良天数占比接近八成，蓝天底色更纯、含金量更足；

天津在中心城区和滨海新区之间建设736平方千米绿色生态屏障，用相当于中心城区2倍的面积打造“城市绿肺”；

河北“十三五”时期钢铁产能由峰值的3.2亿吨压减到2亿吨以内，超额完成国家下达的去产能任务；

京津冀区域绿色发展指数快速提升，2020年为140.81，与2014年相比，年均提高6.8点；

…………

星河灿烂望北斗，勇立潮头逐浪高。

雄安，是以习近平同志为核心的党中央对深化京津冀协同发展作出的又一项重大决策部署。“建设雄安新区是千年大计”“要全面贯彻新发展理念，坚持高质量发展要求，努力创造新时代高质量发展的标杆”。

“千年大计”，就要从“千年秀林”开始。4年多来，从点到面，千年秀林构成的“雄安绿”，不仅成长为一道亮丽风景，更成为减碳的绿色堡垒。

新区因淀而设，依淀而建。自设立以来，大批涉污小作坊就地关停，水多了，变清了，前来安家的鸟类增多了。有人不由得感叹：“儿时记忆中的白洋淀慢慢回来了。”白洋淀生态环境的改善，折射出雄安绿色发展的底气和优势。

“京津冀如同一朵花上的花瓣，瓣瓣不同，却瓣瓣同心。”习近平总书记的话语情真意切、寓意深远。一张图规划、一盘棋建设、一体化发展，新路越走越宽。

二、长江经济带发展：谱写生态优先绿色发展新篇章

长江，从唐古拉山倾流而下，不仅孕育出源远流长的中华文明，一条腹地辽阔的经济带也由此而生。

这条经济带覆盖上海、江苏、浙江、安徽、江西、湖北、湖南、重庆、四川、云南、贵州等11个省市，面积约205.23万平方千米，占全国的21.4%，人口和生产总值均超过全国的40%，是中国经济的重要支撑。然而，长期粗放式的发展，已使长江不堪重负。

“长江病了，而且病得还不轻。”“绝不容许长江生态环境在我们这一代人手上继续恶化下去，一定要给子孙后代留下一条清洁美丽的万里长江！”党的十八大以来，以习近平同志为核心的党中央科学谋划，部署实施长江经济带发展战略。

2016年，重庆，习近平总书记在推动长江经济带发展座谈会上强调，“共抓大保护，不搞大开发”；

2018年，武汉，习近平总书记指出，“推动长江经济带发展是党中央作出的重大决策，是关系国家发展全局的重大战略”；

2020年，南京，习近平总书记主持召开全面推动长江经济带发展座谈会。

推动长江经济带发展，既是一场攻坚战，更是一场持久战。

从“推动”到“深入推动”，再到“全面推动”；

从长江十年禁渔到《长江保护法》正式实施；

从《长江经济带发展规划纲要》到“十四五”长江经济带发展“1+N”

规划政策体系；

…………

沿江各省市在探索生态优先、绿色发展上蹚出了一条条新路子，绘就了长江经济带发展的宏伟蓝图。

贵州启动“千企改造”工程，通过工业绿色化转型、产业绿色化改造等促进绿色制造发展，推动实现产业生态化、生态产业化；

浙江丽水、江西抚州深入推进生态产品价值实现机制试点，为绿水青山转化为金山银山提供了有益经验；

上海崇明、湖北武汉、重庆广阳岛、江西九江、湖南岳阳结合自身资源和禀赋特点，探索生态优先绿色发展新路子；

…………

2021年前三季度，长江经济带优良水质比例优于全国平均水平8.8个百分点，沿江11省市经济总量占全国比重同比提高0.1个百分点，实现了在发展中保护、在保护中发展。

如今，江水粼粼，数头江豚跃出水面嬉戏；长江“黄金水道”越来越繁忙畅通，一江碧水，正磅礴向东流。

三、粤港澳大湾区建设：湾区升明月　共画同心圆

“40年春风化雨，40年春华秋实。”

“粤港澳大湾区建设是国家重大发展战略，深圳是大湾区建设的重要引擎。”

习近平总书记的声音在深圳前海国际会议中心回响。

粤港澳大湾区是中国首个大湾区，顶层设计密集推出。

2019年，《粤港澳大湾区发展规划纲要》提出，以建设美丽湾区为引领，着力提升生态环境质量，形成节约资源和保护环境的空间格局、产业结构、生产方式、生活方式，实现绿色低碳循环发展，使大湾区天更蓝、

山更绿、水更清、环境更优美。

2020年，粤港澳大湾区生态环境保护规划编制完成。

2021年9月，《横琴粤澳深度合作区建设总体方案》《全面深化前海深港现代服务业合作区改革开放方案》相继公布。

过去，“从1到无穷”的规模扩张；

现在，“从0到1”的开放创新。

港珠澳大桥、广深港高铁香港段、广州粤港澳（国际）青年创新工场、横琴澳门青年创业谷、前海深港青年梦工场……一项项重大基础设施项目相继建成，一个个创新创业平台落地生根。

四十载波澜壮阔，新征程催人奋进。

面对“一国两制三法域”的特殊环境，粤港澳在清洁生产、区域大气污染机理及联防联治、水域船舶排放控制区建设等方面不断开展多项合作，有力促进了大湾区绿色低碳发展，使天更蓝、山更绿、水更清、环境更优美。

深圳河是深港两地的界河，向东汇入深圳湾。为保护好深港之间这块共同的生态屏障，20世纪80年代，深港分别在深圳湾两侧设立了深圳红树林自然保护区和香港米埔自然保护区，划定了湿地保护红线，同时开展清淤还湖、红树林补植、鸟类保护等一系列生态修复和保护措施。

随着深圳河湾流域水质改善，这片海域还吸引了白海豚、水母回归栖息。

千年潮未落，风起再扬帆。

昔日滩涂，如今树影婆娑、绿草如茵、高楼林立，一派勃勃生机。

四、长三角一体化发展：一体化升级“加速跑”

长江，一路奔涌，在东部三角洲孕育出万千气象。

从地图上俯瞰，长三角河网交错，湖荡密布，溪流如织。太湖、洪泽湖、巢湖恰如三颗宝石，点缀其上，熠熠生辉。

这里，是我国经济发展最活跃、开放程度最高、创新能力最强的区域之一。2019年，长三角以不到全国4%的国土面积，聚集了全国16%的人口，集中了约1/4的科研力量，产生了约1/3的有效发明专利，占据了近1/4的经济总量。

“长三角地区是长江经济带的龙头，不仅要在经济发展上走在前列，也要在生态保护和建设上带好头。”习近平总书记的话语掷地有声。

2018年11月5日，上海，习近平总书记宣布，支持长江三角洲区域一体化发展并上升为国家战略；

2020年8月20日，合肥，习近平总书记主持扎实推进长三角一体化发展座谈会，就更好推动长三角一体化发展指明前进方向、提出具体要求，开启了长三角一体化发展新的“加速度”；

…………

从《长三角生态绿色一体化发展示范区总体方案》到《长江三角洲区域一体化发展规划纲要》，紧扣的是“一体化”和“高质量”两个关键词。

一体化旨在打破行政壁垒，高质量关键在创新驱动。

浙江湖州通过与江苏无锡、苏州等地建立联动机制，在蓝藻治理领域实现了联防联控；

苏州某环境公司在大气污染深度治理技术攻关方面，“仅凭自身技术实力，突破难度较大，”按照苏州吴江区出台的科技创新券通用通兑试点方案，“我们公司与上海一家科研机构签订了服务合同，享受到的改革红利实实在在”。

2019年11月1日，长三角生态绿色一体化发展示范区揭牌成立，上海青浦、江苏吴江、浙江嘉善“聚”为一体，“吴根越角”开始书写一体化高质量发展的新故事。

…………

沪苏浙皖三省一市围绕“生态绿色”这个发展关键词，把一系列生态环境保护和生态修复机制措施以及绿色生态合作事项纷纷从纸面落实到项目上，共同推动绿色发展。

五、黄河流域生态保护和高质量发展：新时代的“黄河大合唱”

黄河落天走东海，万里写入胸怀间。

千百年来，黄河奔流不息，劈开青藏山川，穿过高原峡谷，跃壶口、出龙门、闯三门峡，九曲十八弯，奔腾入海，滋养了无数华夏子孙，被亲切地称为“母亲河”。

但由于自然灾害频发，特别是水害严重，黄河“三年两决口、百年一改道”，给沿岸百姓带来深重灾难。长期以来，中华民族为了黄河安澜进行了不屈不挠的斗争。

“黄河一直体弱多病，水患频繁。”忧心黄河之病，着眼黄河之治，党的十八大以来，习近平总书记对黄河流域生态保护和高质量发展一直很重视、一直在思考。

三江源头，反复叮嘱要保护好“中华水塔”；

秦岭深处，强调保护“中央水塔”是“国之大者”；

在甘肃，首次提出“让黄河成为造福人民的幸福河”；

对宁夏，赋予“建设黄河流域生态保护和高质量发展先行区”重要任务；

…………

在深入调研与思考过程中，思路逐步明晰起来。

“共同抓好大保护，协同推进大治理”；

“生态保护和高质量发展”。

随着黄河流域生态保护和高质量发展上升为重大国家战略，一系列顶层设计先后出炉。

2020年10月5日，中共中央、国务院印发《黄河流域生态保护和高质

量发展规划纲要》;

2021年10月8日,《中华人民共和国黄河保护法(草案)》在国务院常务会议上通过……

从三江源头到渤海之滨,从上中下游到左右岸,因地制宜、分类施策,把水资源作为最大的刚性约束,积极探索富有地域特色的高质量发展新路子。一系列黄河流域生态保护和高质量发展的方针要求正在落地生根。

在上游,甘肃甘南实施生态保护修复和建设工程,不断提升黄河上游水源涵养能力;

在中游,陕西通过实施淤地坝工程等措施,持续推进黄土高原地区水土保持工作;

在下游,山东东营实施引水提水、湿地水系大连通、湿地小连通等工程,有效缓解生态用水矛盾,湿地生态功能获得较大改善;

…………

要保护,也要发展。

生态保护,带来了高质量发展——

在甘肃甘南,牧民把牛羊粪制作成有机肥,既增加了牧民收入,又显著改善了草原生态环境;

在陕西延安,“一碗水半碗沙”的志丹县,建设淤地坝,淤地造田,坡上种苹果,坝田里种粮食,把荒沟沟变成了“聚宝盆”,仅苹果一项户均年增收就有5000多元;

在山东东营,通过生态化利用和种业创新,让盐碱地上长出了“金疙瘩”;

…………

黄河之水天上来,奔流到海不复回。

截至2021年,黄河实现连续22年不断流。焕发生机和活力的母亲河仿佛一条巨龙,奔腾跃动,滔滔向东。

六、青藏高原：打造生态文明高地

在三江源国家公园长江源园区管委会治多管理处的一间办公室，墙上挂着两张地图：

一张，已显陈旧，上面各类保护地像拼在一起的七巧板，看得人眼花缭乱；

另一张，各类保护地化零为整，都归属三江源国家公园长江源园区管委会治多管理处的管辖范围。

从“九龙治水”到“一块牌子管到底”，成效，写在大江大河上：2016年到2020年，三江源地区输送水量年均增加近百亿立方米。

青藏高原位于中国西南部，包括西藏和青海两省区全部，以及四川、云南、甘肃和新疆等四省区部分地区，被誉为“世界屋脊”“地球第三极”“亚洲水塔”。这里是许多著名河流的发源地，仅三江源湿地就分别为长江、黄河和澜沧江提供了25%、45%和15%的水量。

习近平总书记指出：“青藏高原生态十分脆弱，开发和保护、建设和吃饭的两难问题始终存在。在这个问题上，一定要算大账、算长远账，坚持生态保护第一，绝不能以牺牲生态环境为代价发展经济。”

2020年，习近平总书记在中央第七次西藏工作座谈会上强调：“保护好青藏高原生态就是对中华民族生存和发展的最大贡献”“把青藏高原打造成为全国乃至国际生态文明高地”。

高地如何打造？

行动说明一切。

西藏林芝结巴村颁布“禁伐令”，让当地人成为种树人，吃上了“生态饭”；

若尔盖湿地公园，“川西北高原的绿洲”，近年来采取治沙种草还湿、填沟还湿、湿地生态效益补助试点等方式，截至2020年7月，累计恢复湿地水位6处，恢复湿地区域植被6400公顷；

放下牧鞭、领上工资，三江源国家公园内已有17211名生态管护员持证上岗，从昔日的草原利用者转变为生态守护者和红利共享者；

…………

雨后的琼结琼果河国家湿地公园空气格外清新，花香阵阵，流水潺潺。在这里，人与自然和谐共生，编织出一幅静谧优美的画卷。

京津冀协同发展、长江经济带发展、粤港澳大湾区建设、长三角区域一体化发展、黄河流域生态保护和高质量发展、打造青藏高原生态文明高地……热气腾腾的发展实践，彰显了绿色发展内涵。

一幅幅区域经济布局的工笔画正在铺展，连缀成中国经济社会高质量发展的壮阔图景。

学习金句

黄河流域生态保护和高质量发展，同京津冀协同发展、长江经济带发展、粤港澳大湾区建设、长三角一体化发展一样，是重大国家战略。

——2021年9月18日，习近平总书记在黄河流域生态保护和高质量发展座谈会上的讲话

第四章

自然之美

——推进山水林田湖草沙一体化保护和系统治理，筑牢中华民族永续发展的生态根基

- 还自然以宁静和谐美丽
- 全面提升生态系统质量和稳定性
- 牢牢守护生物多样性宝库

第一节 还自然以宁静和谐美丽

栖居在青山碧水之间，是人们共同的心愿。

山峦层林尽染，平原蓝绿交融，城乡鸟语花香。这样的自然美景，既带给人们美的享受，也是人类走向未来的依托。

如何挥毫泼墨，书写生态画卷？

怎样让天蓝地绿水清的生态之美从理想照进现实？

习近平总书记这样回答："要像保护眼睛一样保护生态环境，像对待生命一样对待生态环境，多谋打基础、利长远的善事，多干保护自然、修复生态的实事，多做治山理水、显山露水的好事，让群众望得见山、看得见水、记得住乡愁，让自然生态美景永驻人间，还自然以宁静、和谐、美丽。"

"还自然以宁静、和谐、美丽"，一个"还"字，意蕴深长。

从对大自然的利用、索取和征服，到还大自然以其本来面貌，变换之间凸显尊重客观规律的可贵回归。

一、正确处理好人与自然的关系

在莎士比亚笔下，"人是宇宙之精华，万物之灵长"，但这并不意味着人可以凌驾于自然和其他物种之上。

《自然》杂志发表的一项环境学研究发出警示，2020年是标志着人造物的质量首次超过活生物量的转折点。人造物的质量预计在2040年超过3兆吨，而如今的全球总生物量约为1.1兆吨。

这一研究结果说明，活生物量与人造物的质量之间的平衡发生了转变，这不得不引起人们警惕。

人与自然的关系，事关人类未来。求同存异、和谐共生才是建构人与自然关系的不二之举。对此，习近平总书记早有深刻见地。

2020年1月6日，习近平主席在给世界大学气候变化联盟的学生代表回信中指出："40多年前，我在中国西部黄土高原上的一个小村庄劳动生活多年，当时那个地区的生态环境曾因过度开发而受到严重破坏，老百姓生活也陷于贫困。我从那时起就认识到，人与自然是生命共同体，对自然的伤害最终会伤及人类自己。"

大自然是包括人在内一切生物的摇篮，是人类赖以生存发展的基本条件。大自然孕育抚养了人类，人类应该以自然为根，下决心抛弃工业文明以来形成的轻视自然、支配自然、破坏自然的观念，转向尊重自然、顺应自然、保护自然。

贵州省六盘水市六枝特区月亮河乡，始建于1958年的花德河国有林场，起初主要是为当地的煤矿巷道建设提供坑木，用山上的木材换地下的煤炭。大规模砍伐，搞"砍树经济"，2013年前后，林场陆续收到"限伐令""禁伐令"。在认识到在生态环境方面欠账多，将来付出的代价会更大后，林场转而禁伐保绿，探索林下经济，使林场成为温湿适宜、负氧离子含量高的"天然大棚"。

从砍林到保绿，花德河国有林场这条转型之路正是我国坚持走人与自然和谐共生之路的一个生动写照。

中华民族向来尊重自然、热爱自然。《逸周书·大聚解》记载："禹之禁，春三月，山林不登斧，以成草木之长；夏三月，川泽不入网罟，以成鱼鳖之长。"《荀子》中说："草木荣华滋硕之时，则斧斤不入山林，不夭其生，不绝其长也。"这些观念都强调按照大自然规律活动，取之有时，用之有度。

2014年3月14日，习近平总书记在中央财经领导小组第五次会议上指出，建设生态文明，首先要从改变自然、征服自然转向调整人的行为、纠正人的错误行为。要做到人与自然和谐，天人合一，不要试图征服老天爷。

顺应自然、追求天人合一，是中华民族自古以来的理念，也是今天现代化建设的重要遵循。

内蒙古正蓝旗，林草葱郁，盎然绿意染尽这片辽阔大草原。在这里，“禁”与“平衡”是常常能听到的两个词汇。“禁”是在草原生态破坏严重区严格禁止放牧，最大限度地促进草原休养生息；“平衡”指按照不同草场类型，精细核算载畜量，达到草与畜之间的动态平衡。正是靠着严格的禁牧措施，正蓝旗小扎格斯台草原林草综合植被盖度由2015年初的不足30%提高到2020年的50%以上。

“十三五”期间，内蒙古严格执行禁牧、轮牧、休牧等制度，2020年底草原植被平均盖度达到44%，比2012年提高4个百分点，草原生态退化趋势得到整体遏制，重点生态治理区明显好转。

无论是“春季牧草返青期休牧”，还是“减羊增牛”措施，都蕴含着一个核心理念：对于自然不能只讲索取不讲投入，不能只讲发展不讲保护，要像保护眼睛一样保护赖以生存的生态环境。

人与自然和谐共生是实现永续发展的基础。人类可以利用自然、改造自然，但归根结底是自然的一部分，必须呵护自然，不能凌驾于自然之上。这正是党的十八大以来从中央到地方一直所倡导、坚持与遵循的。

创造荒原变林海奇迹的塞罕坝林场，践行绿水青山就是金山银山理念的浙江安吉，沙丘披绿衣、沙土变良田的库齐其沙漠……

在一个个建设社会主义现代化的鲜活实践范例中，我们对人与自然关系的认识不断深入，对生态文明建设规律的把握不断深化，逐渐求解出人与自然和谐共生之道。

中华大地上，“万物各得其和以生，各得其养以成”的“协奏曲”正在处处奏响，演绎出一曲建设美丽中国的盛世华章。

二、让自然生态休养生息

“现在生态越来越好，中华秋沙鸭、骨顶鸡、小天鹅多得很，夏天在河里洗澡时常有小鱼来‘咬’！”讲起禁捕退捕后沅江的变化，湖南省泸溪县浦市镇毛家滩村村民唐世利笑容满面。

2020年8月，习近平总书记在安徽考察调研时指出：“长江生态环境保护修复，一个是治污，一个是治岸，一个是治渔。长江禁渔是件大事，关系30多万渔民的生计，代价不小，但比起全流域的生态保护还是值得的。”

为全局计、为子孙谋，2021年1月1日起，长江流域重点水域“十年禁渔”全面启动。11.1万艘渔船、23.1万名渔民退捕上岸，将河湖还给自然，万里长江得以休养生息。

退捕、转产、护渔，长江生物资源状况逐步好转。《长江保护法》实施，长江十年禁渔开局良好，非法捕捞得到基本遏制，江豚群体出现的频率显著增加，赤水河鱼类资源量达到禁捕前的1.95倍……

水质改善、江豚腾跃，正在重新焕发生机不只是长江母亲河。

2020年4月，习近平总书记在陕西考察时指出，推进黄河流域从过度干预、过度利用向自然修复、休养生息转变，改善流域生态环境质量。

2022年2月17日，农业农村部发布通告，对黄河禁渔期制度做出调整，黄河河源区及上游重点水域从2022年4月1日起至2025年12月31日实行全年禁渔，同时鼓励地方实施更严格的禁渔期制度。

2018年，原农业部发布《关于实行黄河禁渔期制度的通告》，实施为期3个月的流域性禁渔期制度，一定程度上促进了黄河水生生物资源恢复。本次调整延长了禁渔时间、扩大了禁渔范围，对黄河水产种质资源恢复性增加和水生生物多样性提高意义重大，相信黄河水流奔腾、鱼儿长欢的景象将徐徐铺展。

清波荡漾、岸绿景美、鱼欢人和的水韵变奏，离不开一颗颗镶嵌在大地上的明珠——湖泊所谱出的音符。

烟波浩渺的洪泽湖是我国第四大淡水湖。由于监管不力、片面强调发展生产等因素，20世纪洪泽湖湖区被大面积圈圩养殖和开垦种植，“到处都是圈圩围网，看不到湖在哪儿、岸在哪儿”，湖泊的调蓄、行洪、生态、供水等功能受到影响。

2018年初，江苏省泗阳县启动“退圩还湖”生态治理工程，清退圩区，安置渔民上岸，恢复自由水面……洪泽湖一汪清水回归，生物多样性增加，鱼、鸟种群数量上升到200多个，昔日一眼望不到头的围坝围网，被碧波荡漾、水鸟翱翔的旖旎迷人风景取代。

四川省第二大天然淡水湖邛海是西昌乃至全凉山彝族自治州人民的“母亲湖”。20世纪60—90年代，由于围海造田、填海造塘等无序发展，近2/3的邛海湖滨湿地遭到严重破坏，水鸟和本土物种减少，水质从Ⅱ类降至Ⅲ类及以下，当地饮水安全受到严重威胁。

如何才能让城市发展与邛海生态保护协同共生？退人、退房、退田、退塘，还湖、还水、还湿地的“四退三还”工程如火如荼展开，天保工程人工造林、退耕还林等也接连启动。

邛海水域及湿地面积从2006年不足27平方千米恢复到34平方千米，环湖林草覆盖率达到92%，为多样生物的栖息繁衍营造了良好的环境。近年来湿地内共有维管植物498种、鸟类210种。在生态向好的情况下，邛海水质稳定达到Ⅱ类，有效保障了周边居民饮水安全。

“为者常成，行者常至。”党的十八大以来，各地加快退耕还湖、退圩还湖、退养还湖，实施湖泊湿地保护修复工程。曾经长期的人水相争，造成全国近1000个天然湖泊因围垦而消失。而今把水面还给湖泊，清水绿岸、鱼翔浅底的美丽河湖不断涌现，让人与水回归和谐共生。

习近平总书记多次强调，“健全耕地草原森林河流湖泊休养生息制度”“要推行草原森林河流湖泊休养生息，实施好长江十年禁渔，健全耕地休耕轮作制度”“给自然生态留下休养生息的时间和空间”……

保护耕地生态，扎实推进耕地轮作休耕制度，让疲惫的土地“喘口气”，2021年，我国耕地轮作休耕面积扩大至4700多万亩，耕地地力不断提升；

截至2020年底，西部大开发退耕还林还草面积超过1.37亿亩，构筑起西部的生态屏障；

退牧还草、移民搬迁……伴随着三江源生态保护和建设工程实施，黄河源头迎来新生；

加强沙化土地封禁保护修复，自然恢复荒漠生态系统，“十三五”时期建成沙化土地封禁保护区46个，新增封禁面积50万公顷；

甘肃敦煌鸣沙山30余年的封禁保护、植被保育，使得人为过度干扰大量减少，“哑沙”复鸣，部分沙山重现“人乘沙流，有鼓角之声，轻若丝竹，重若雷鸣”的奇特现象；

…………

一系列让耕地草原森林河流湖泊休养生息的有力举措取得良好效果，山、水、林、田、湖、草相映成趣，为美丽中国写下生动注脚。

三、为自然守住安全边界和底线

在中国广袤的地理版图上，有一条红线，守护着美丽中国。

2020年4月10日，在中央财经委员会第七次会议上，习近平总书记指出：“越来越多的人类活动不断触及自然生态的边界和底线。要为自然守住安全边界和底线，形成人与自然和谐共生的格局。这里既包括有形的边界，也包括无形的边界。”

从根本上解决生态环境问题，必须把经济活动、人的行为限制在自然资源和生态环境能够承受的限度内，给自然生态留下休养生息的时间和空间。

我国创造性地提出划定生态保护红线，严格保护生态空间范围内具有特殊重要生态功能、必须强制性严格保护的区域。这条红线，是保障和维护国家生态安全的底线。

生态保护红线理念于2011年首次提出，2015年纳入《环境保护法》和《国家安全法》。

2016年11月1日，中央全面深化改革领导小组第二十九次会议指出，划定并严守生态保护红线，要按照山水林田湖系统保护的思想，实现一条红线管控重要生态空间，形成生态保护红线全国“一张图”。

2017年2月7日，中办、国办公布了《关于划定并严守生态保护红线的若干意见》，全国生态保护红线划定与制度建设正式全面启动。

2018年5月18日，习近平总书记在全国生态环境保护大会上明确要求：“要加快划定并严守生态保护红线、环境质量底线、资源利用上线三条红线。对突破三条红线、仍然沿用粗放增长模式、吃祖宗饭砸子孙碗的事，绝对不能再干，绝对不允许再干。”

红线区域原则上按禁止开发区域的要求进行管理，禁止对生态功能和保护对象造成破坏的开发建设活动。这能够最大限度避免人类活动对生态系统和生物多样性的干扰。

生态保护红线，是一条贯彻习近平生态文明思想的红线，是划在人民群众眼前、落在人民群众心里的红线。

一条条生态红线，护卫着绿色空间。

在西藏，生态保护红线面积达到60.8万平方千米，全自治区一半的区域都列入最严格的保护范围，切实保护好地球第三极生态；

内蒙古自治区全区87%的面积划入限制开发区域，51%的面积划入生态保护红线，以筑牢我国北方重要生态安全屏障；

河北省对自然保护区、风景名胜区核心景区、重要河流湖库管理范围、饮用水水源地保护区等区域内侵占生态保护红线、破坏生态环境的违法违规房地产项目进行全面排查整治；

…………

2021年4月30日，中共中央政治局第二十九次集体学习时，习近平总书记再次对生态保护红线工作提出要求，要强化国土空间规划和用途管控，落实生态保护、基本农田、城镇开发等空间管控边界，实施主体功能区战略，划定并严守生态保护红线。

当前，全国生态保护红线划定工作基本完成，初步划定的面积比例不低于陆域国土面积的25%，覆盖了重点生态功能区、生态环境敏感区和脆弱区，也覆盖了全国生物多样性分布的关键区域。

从南到北，全国共绘一张图、下好一盘棋，生态空间的边界逐渐清晰，人与自然的关系在重构中更加和谐。

学习金句

要牢固树立生态红线的观念。在生态环境保护问题上，就是要不能越雷池一步，否则就应该受到惩罚。

——2013年5月24日，习近平总书记在十八届中共中央政治局第六次集体学习时的讲话

要加强生态文明建设，划定生态保护红线，为可持续发展留足空间，为子孙后代留下天蓝地绿水清的家园。

——2016年3月7日，习近平总书记在参加十二届全国人大四次会议黑龙江代表团审议时的讲话

第二节 全面提升生态系统质量和稳定性

从沙漠到湿地，从森林到草原，从河流到海洋，地球上遍布着各种独特的自然景观。平原、山川、河湖、大海……生态系统构成了人类社会生存和发展的基础。

然而，人类进入工业文明时代以来，在创造巨大物质财富的同时也加速了对自然资源的攫取，打破了地球生态系统原有的循环和平衡，造成人与自然关系紧张。

生态环境的退化已经影响到约32亿人的福祉，相当于世界总人口的40%。每年生态系统服务价值的损失比全球经济产出总量的10%还要多。

生态系统警钟迭起，恢复生态系统功能，提升生态系统质量和稳定性迫在眉睫，需要全世界每一个人的努力。

将审视的镜头聚焦中国：我国环境容量有限，生态系统脆弱，独特的地理环境加剧了地区间的不平衡。“胡焕庸线”东南方43%的国土，居住着全国94%左右的人口，以平原、水网、低山丘陵和喀斯特地貌为主，生态环境压力巨大；该线西北方57%的国土，供养大约全国6%的人口，以草原、戈壁沙漠、绿洲和雪域高原为主，生态系统非常脆弱。

习近平总书记强调：“面对脆弱的生态环境，我们要坚持尊重自然、顺应自然、保护自然，共建绿色家园。”“要统筹山水林田湖草沙系统治理，实施好生态保护修复工程，加大生态系统保护力度，提升生态系统稳定性和可持续性。”

一分部署，九分落实。

党的十八大以来，我国坚持绿色发展，全面加大生态保护力度，确保绿水青山常在、各类自然生态系统安全稳定的“触角”广泛延伸，国家生态安全屏障越发牢固。

一、系统观念开辟治理新路

由山川、林草、湖沼等组成的自然生态系统，牵一发而动全身。山水相连，林草相伴，田土相依，千头万绪，生态系统保护和修复该从何处着手？

云南红河哈尼梯田对活态遗产保护课题的解答也许能给我们一些启发。

哈尼族谚语云：“有林才有水，有水才有田，有田才有人。”

水是梯田的灵魂。财政投资7000余万元在遗产区建设水利工程，惠及农田灌溉和5万多人安全饮水；梯田中，逐步纳入公益性岗位的“赶沟人”辛勤劳作，维系水源畅通。

森林是梯田的“天然水库”。近年来，哈尼梯田遗产区植树造林25万多亩，120多名护林员日夜守护着茂密的森林。此外，近年来红河州开展综合整治，拆除未批先建、少批多建的建筑，实施村庄污水和垃圾污染处理项目，确保哈尼梯田核心区垃圾净化百分之百覆盖……

“森林在山上，梯田在山下，村寨在其间”的山水林田湖草作为健康的生态系统正常运转，切实印证了“山水林田湖草是生命共同体”的系统思想，昭示着生态治理需要有系统的眼光。

习近平总书记指出：“山水林田湖草沙是不可分割的生态系统。保护生态环境，不能头痛医头、脚痛医脚。我们要按照生态系统的内在规律，统筹考虑自然生态各要素，从而达到增强生态系统循环能力、维护生态平衡的目标。”

河北省承德市滦平县是“首都水源涵养功能区”和“京津冀生态环境支撑区”重要组成部分。作为潮河入京的最后一道屏障，滦平县强化上游意识，综合施策，有效保障潮河水量、水质和生态系统稳定性：

截至2021年7月，累计投资1.2亿元建设河北滦平潮河国家湿地公园；

依法取缔关停潮河流域工矿企业35家、采砂场28家；

实施潮河河道治理、京津风沙源治理、人居环境整治、种植结构调整等各类项目84个，累计治理河道103.9千米，新建绿色廊道60.93千米，新增水面128万平方米，治理水土流失面积312平方千米；

调整潮河流域农业种植结构面积2.1万亩，发展优质高效节水作物面积1.32万亩；

…………

山水林田湖草系统保护治理有效提升了潮河水源涵养能力，潮河流域已经形成水清、河畅、岸绿、景美的河湖景观，生动诠释了保护好水环境“就需要全面统筹左右岸、上下游、陆上陆下、地表地下、河流海洋、水生态水资源、污染防治与生态保护达到系统治理的最佳效果”。

“水的命脉在山。”

“绿水青山”，自古以来便承载着人们对美好生活的向往。《管子》有曰：“圣人之处国者，必于不倾之地，而择地形之肥饶者。乡山，左右经水若泽。”

然而，一个不争的事实是，曾经我国有相当一部分群众居住在光秃秃的“穷山恶岭”。

“山上光秃秃，沟底乱石头。小雨满坡流，大雨冲成沟。”这是20世纪50年代，地处黄土高原丘陵沟壑区的陕西省榆林市高西沟村的真实写照。过度垦荒导致村里沟壑纵横、黄土裸露，水土流失加剧。

痛则思变。高西沟人决定不再垦荒，开始探索治坡治沟。然而不管是在沟里打坝拦泥拦水，还是在山上修坡式梯田、打埝窝，都无法抵挡洪水冲刷。总结教训，高西沟人开始在尊重自然、顺应自然的基础上，探索系统的治理办法。

“山上缓坡修梯田，沟底淤地打坝埝，高山远山种林木，近山阳坡建果园，弃耕坡地种牧草，荒坡陡坬种柠条。”经过20多年探索实践，高西沟村因地制宜、地尽其用，形成以林固土、以草养牧、以牧肥田的格局。

经过综合治理，高西沟村40座山峁、21道沟岔早已郁郁葱葱，交出了“60年来泥不下山，洪不出沟，不向黄河送泥沙”的喜人成绩单，被习近平总书记赞为“黄土高原生态治理的一个样板”。

山水林田湖草沙是相互依存、紧密联系的生命共同体。进一步强化山水生态的原真性和完整性保护，需要加强顶层设计，坚持系统观念，用系统论的思想方法看问题，从系统工程和全局视野寻求治理之道。

2016年，财政部会同原国土资源部、原环境保护部启动了山水林田湖草生态保护修复工程试点，以区域、流域为单元，统筹各自然生态要素，实行整体保护、系统修复和综合治理。

2020年9月，财政部、自然资源部、生态环境部联合印发《山水林田湖草生态保护修复工程指南（试行）》，全面指导和规范各地山水林田湖草生态保护修复工程实施。

“十三五”期间，我国共开展了25个山水林田湖草生态保护修复工程试点，在探索统筹山水林田湖草各自然生态要素进行整体保护、系统修复、综合治理等方面收到了明显成效。

2021年2月，中央财政支持山水林田湖草沙一体化保护和修复工程项目申报工作启动，最终确定辽宁辽河流域、山东沂蒙山区域等10个项目为第一批山水林田湖草沙一体化保护和修复工程。

统筹治水和治山、治水和治林、治水和治田、治山和治林、治草和治沙，等等，各地在实践中普遍意识到，生态环境治理是一项系统工程，不能单兵突进，按照生态系统的整体性、系统性及其内在规律，对山水林田湖草沙进行一体化保护和系统治理，才能探索出治理新路径，促进自然生态系统质量整体改善。

二、生态修复再现秀美河山

河南三门峡，小秦岭深处，是“万亩矿山修复”的重要区域。

走在路边，依稀可见几年前20多万人“淘金”留下的山体伤痕。那时，发源于小秦岭的5条黄河一级支流被严重污染，水体“颜色斑斓”。封坑口，拆设施，清运矿渣，植树种草……面对1000多个坑口，三门峡市打响轰轰烈烈的生态保卫战。

当年火热的淘金点老鸦岔金矿“1770坑口”，而今300多米长、40多米高的矿渣渣坡降低，层层坡面覆盖绿树、草丛，山泉、河水清清流淌，林麝、松鼠等野生动物屡现山间。

自然条件和生态环境的改善，也使三门峡市从原本的少数天鹅迁徙经过之地，变成国内最大的大天鹅栖息地和观赏区。“天鹅之城”，成为这座城市一个新的称呼。

我国生态环境破坏是长期形成的，现在到了有条件不破坏、有能力修复的阶段了。习近平总书记指出：“只要朝着正确方向，一年接着一年干，一代接着一代干，生态系统是可以修复的。”

生态修复的“加法”，不只出现在三门峡。

作为广东省唯一的海岛县，南澳县拥有4600多平方千米的广阔海域。但随着经济的发展，城市化进程的加快，违章建筑、非法挖沙偷沙、倾倒垃圾、养殖生产污染等问题，一度严重影响了岸线生态环境。

为实现“海蓝、沙净、湾美、岛丽”的目标，南澳县展开以海湾生态环境整治、基本岸线保护和修复、污水处理站建设、河溪入海整治为主要内容的蓝色海湾整治项目，取得良好成效。如今的南澳岛青翠欲滴，68千米环岛公路串起碧海银沙，美不胜收。

在祖国西部，新疆阿尔泰山南麓的可可托海，废弃矿坑经过生态修复，摇身一变成为风靡网络的工业旅游景点；塔里木河下游，持续了20年的生态输水，让干涸的台特马湖得以重现、濒死的胡杨林得以复苏，塔克拉玛干沙漠与库木塔格沙漠合拢的生态危机得到化解；

通过矿坑回填、土地复垦等生态修复措施，河北省迁安市蔡园镇金岭矿山建起占地3300余亩的生态园区，成为游客观光的好去处；

实施土地综合整治工程、建成潘安湖国家湿地公园，江苏省徐州市贾汪区面积最大的采煤塌陷地坑塘遍布、荒草丛生的生态面貌彻底改变，也让附近居民的生活发生了变化；

经过生态修复恢复湿地后，海南省海口市江东新区起步区水系道孟河，水清岸绿，风景如画；

…………

集腋成裘、聚沙成塔的努力，让生态修复与绿色发展逐步成为现实。大数据、云计算等新技术也为生态修复提供“智慧方案”，带来了全新发展机遇。

内蒙古呼伦贝尔草原腹地，开发于1902年的扎赉诺尔矿区留下的巨大矿坑令人震撼。历经百年开采，矿区内土地贫瘠退化，矿坑周边堆砌成多个排土场，被当地老百姓称为寸草不生的“人造天坑”。

2016年当地政府关停扎赉诺尔矿区，并自2017年起与企业合作，采用生态智慧修复的方式为矿山“改容换貌”。面对部分原始煤层长年累月自燃，导致土地无法利用、植物无法生长的技术难题，技术团队本着“先数据、后科研、再修复”的理念，对被破坏的土地进行土壤改良，并在4年多的时间里采集原生土样、地表水样、植物种样等万余种自然数据，利用大数据推演制定了适宜扎赉诺尔露天煤矿植被生长、生物多样性强的生态修复方案。

经过生态修复，扎赉诺尔露天煤矿植被覆盖率已从原来的不足20%，增长到90%以上，草产量显著提高。

2021年10月，国务院办公厅印发《关于鼓励和支持社会资本参与生态保护修复的意见》，进一步促进社会资本参与生态建设，加快推进山水林田湖草沙一体化保护和修复。越来越多的地方政府纷纷结合自身实际，出台环境修复有关政策、技术导则及发展目标，搭建起智慧修复发展的“黄金台”。

曾经的采煤沉陷区，如今放眼满山绿；通过水生态修复，河湖面貌不断改善；远程遥控，5G机器人可向污染土壤投放修复药剂……

“十三五”期间，全国整治修复岸线1200千米，修复滨海湿地34.5万亩，治理修复历史遗留的废弃矿山约400万亩；2020年以来，我国实施了13个以红树林保护修复为主要内容的“蓝色海湾”整治行动项目……

生态保护修复正成为守住自然生态安全边界、促进自然生态系统质量整体改善的重要保障，让城市、乡村、矿区、海岸等再现勃勃生机，为建设美丽中国再添色彩。

三、以绿色筑牢生态屏障

“我叫石光银，成立了一个荒沙治理公司，要治理狼窝沙。现榜告四方父老，凡有人愿意与我一起治理狼窝沙的，一概欢迎……”在石光银治沙展馆，一张落款日期为1985年6月5日的“招贤榜”十分醒目。

石光银，“七一勋章”获得者，出生在定边县毛乌素沙漠南缘的一个小村庄，从小就有个“治沙梦”：一定把沙漠撵走！40多年来，石光银带领乡亲们一头扎进了海子梁荒沙面积最大的区域之一——狼窝沙，三战狼窝沙治沙造林，在毛乌素沙漠南缘营造一条长百余里的绿色长城，彻底改变了“沙进人退”的恶劣环境。

染绿毛乌素沙漠的，还有一代又一代榆林人民：补浪河女子民兵治沙连，全国劳动模范、全国防沙治沙标兵张应龙，井背塘村普通农妇殷玉珍，毛团村百岁老人郭成旺……

几十载光阴，无数名治沙英雄辛勤浇灌、挥洒青春、接续奋战，在昔日沙进人退、寸草不生的毛乌素沙漠换来林海茫茫，携手将陕西的“绿色版图”向北推进了400多千米！数据显示，2020年榆林沙化土地治理率已达93.24%。这意味着，毛乌素沙漠即将从陕西版图上“消失”。

一草一木，不仅装点着美丽风光，更连接着大气、水、土壤等环境要素，担负着防风固沙养水吸尘等生态功能，为我们筑起一道道绿色生态屏障。

“森林是陆地生态系统的主体和重要资源，是人类生存发展的重要生态保障。不可想象，没有森林，地球和人类会是什么样子。”在习近平总书记的心中，植树造林、国土绿化工作十分重要。

2021年4月2日，习近平总书记来到位于北京市朝阳区温榆河的植树点，同首都群众一起参加义务植树活动。油松、矮紫杉、红瑞木、碧桃、楸树、西府海棠……习近平总书记接连种下6棵树苗。

党的十八大以来，这已经是习近平总书记连续第9年参加义务植树活动。这个与春天的“绿色约定”，习近平总书记从未失约，以实际行动带动全社会像对待生命一样对待生态环境，让祖国大地不断绿起来美起来。

“草木植成，国之富也。”

聚焦水土脆弱、缺林少绿等突出问题，各地因地制宜，精准施策，开展大规模国土绿化行动，加快水土流失和荒漠化石漠化综合治理，抓紧补齐生态系统的短板。

在距毛乌素沙漠不足100千米的山西省右玉县，70多年来，一代代右玉人累计种下约1.4亿棵树，筑起绿色屏障，守护一方水土，水土流失治理度由原来不足0.3%提高到2020年底的63.63%，森林覆盖率从新中国成立初期的0.3%提高到2021年底的56%，近2000平方千米的不毛之地变成了满目葱茏的塞上绿洲。

地处西海固的宁夏回族自治区彭阳县，30多年如一日坚持开展小流域综合治理、坡耕地改造梯田，水土流失治理度由建县初的11.1%提高到了76.3%，森林覆盖率由3%提高到了27.5%。

曾被称为“红色沙漠”的江西赣州，近年来向水土流失宣战。实施蓄水保土、植树增绿，从“向山要树”变成“爱山护林”，“十三五”期间全市累计完成水土流失治理面积3400多平方千米。

湖北省丹江口市石鼓镇火焰山恰在丹江口水库“临水1公里”生态红线内，曾有外国专家断言“这是一块永远不会变绿的地方”。为改善库区水土流失问题，丹江口市探索出挖窝整地、砌石挡土等造林方式，凭借着“石头缝里种树”的不懈努力，火焰山片区被评为“国家石漠化治理示范区”。

…………

治理道道沟壑，染绿条条山梁。党的十八大以来，从坡耕地众多的长江上中游，到千沟万壑的黄土高原，从“有水存不住”的西南石漠化片区，再到侵蚀沟严重的东北黑土区，兴修梯田、打坝淤地、固沟保土、恢复植被，全国上下书写了一个又一个绿色奇迹！

从缺林少绿到绿满荒山，从风沙肆虐到天朗气清，从水土流失到青山复现……随着广袤的沙漠出现绿洲，濯濯童山披上锦裳，茸茸新绿生长绵延，美丽中国的壮美画卷徐徐展开。

学习数据

从数据看今日之“绿色成绩”

水利部监测结果显示，我国实现水土流失面积由增到减、强度由高到低的历史性转变，水土流失面积由20世纪80年代的367.03万平方千米减少到2020年的269.27万平方千米，占国土面积的比例下降了10个百分点。

我国已成功遏制荒漠化扩展态势，荒漠化、沙化、石漠化土地面积分别以年均2424平方千米、1980平方千米、3860平方千米的速度持续缩减，沙区和岩溶地区生态状况整体好转，实现了从“沙进人退”到“绿进沙退”的历史性转变。

三北防护林、天然林保护、退耕还林还草等一系列重大生态工程深入推进。“十三五”期间，我国完成防沙治沙任务1000多万公顷，治理石漠化面积130万公顷，累计完成造林5.45亿亩，森林覆盖率提高到23.04%，森林蓄积量超过175亿立方米，全国人工林面积扩大到11.9亿亩，成为全球森林资源增长最多和人工造林面积最大的国家。

第三节 | 牢牢守护生物多样性宝库

2021年，云南西双版纳亚洲象群成为世界级“网红”。

它们一路穿森林、跨红河、越农田、访民居，历时17个月、总里程1300多千米的“奇妙旅程”受到海内外关注。

从北移到南返，象群一路游走，中国政府与民众一路精心管护，护象行动赢得世界肯定。

云南亚洲象的故事是一扇窗口，展示了中国加强生物多样性保护，不断推进人与自然和谐共生的成就。

一、珍惜大自然的馈赠

无论是多彩的鲜花，还是绿色的青苔，无论是翱翔天际的猛禽，还是畅游沧海的鱼儿，每一个物种都是大自然的馈赠。

全球超过30亿人的生计依赖海洋和沿海的生物多样性，超过16亿人依靠森林和非木材林产品谋生。世界上50%以上的药物成分来源于天然动植物。生物多样性关系人类福祉，是人类赖以生产和发展的重要基础。

习近平总书记强调，“要加深对自然规律的认识，自觉以对规律的认识指导行动”“不仅要研究生态恢复治理防护的措施，而且要加深对生物多样性等科学规律的认识”。

对生物多样性之于人类的作用，我国曾有植物学家进行了这样的精辟概括：“一个基因可以影响一个国家的兴衰，一个物种可以左右一个国家的经济命脉，一个优良的生态群落的建立可以改善一个地区的环境。”

20世纪50年代，孢囊线虫几乎给美国大豆带来毁灭性打击。没想到，从中国引进的野生大豆“北京小黑豆”中找到的抗病基因，使当地大豆重获新生，拯救了美国的大豆产业。

当前，全球物种灭绝速度不断加快，生物多样性丧失和生态系统退化对人类生存和发展构成重大风险。

能否真正意识到“生物多样性对进化和保持生物圈的生命维持系统的重要性”并采取措施，关乎一个国家的未来。

学习金句

要整合设立国家公园，更好保护珍稀濒危动物。

——2016年1月26日，习近平总书记主持召开中央财经领导小组第十二次会议时的讲话

保护珍稀植物是保护生态环境的重要内容，一定要尊重科学、落实责任，把红树林保护好。

——2017年4月，习近平总书记在广西壮族自治区考察时强调

我国幅员辽阔，陆海兼备，地貌和气候复杂多样，孕育了丰富而又独特的生态系统、物种和遗传多样性，是世界上生物多样性最丰富的国家之一。以植物为例，我国拥有高等植物3.6万余种，约占世界高等植物总数的10%，其中超半数物种是中国特有。我们的衣、食、住、行，无不得益于自然界的慷慨，得益于生物多样性的馈赠。

作为世界上物种数量最多、特有种比例最高的国家之一，加强生物多样性保护，珍惜大自然的馈赠显得尤为重要。

站在促进人类可持续发展和共建人类命运共同体的高度，我国将生物多样性保护上升为国家战略，推行一系列行之有效的措施，为建设万物和谐的美丽家园付出卓绝努力，生物多样性保护取得历史性成就。大美河山，万千草木，飞禽走兽，生机勃勃，正在尽展自然之美，共迎美好未来。

二、让珍稀濒危物种重获新生

亚洲象曾在我国许多地区栖息、繁衍，后来其分布区域、种群数量不断萎缩，在我国境内一度濒临灭绝，处于极度濒危状态。

从建立西双版纳国家级自然保护区，到实施救护与繁育，保护野生亚洲象的行动一直在持续。2008年成立的亚洲象种源繁育及救助中心，截至2021年10月已成功救助24头野生亚洲象，成功辅助大象繁育出9头小象，成活率100%。如今我国野生亚洲象种群正在恢复，数量稳定增加、活动区域持续扩大。

通过系统实施濒危物种拯救工程，对部分珍稀濒危野生动物进行抢救性保护，加强野生动物栖息地保护和拯救繁育，我国建立了250处野生动物救护繁育基地，为300多种珍稀濒危野生动物建立了稳定的人工繁育种群，60多种珍稀濒危野生动物人工繁殖成功。

经过多年探索实践，亚洲象、滇金丝猴、西黑冠长臂猿等多种珍稀濒危野生动物种群呈现稳定增长趋势，从南方到北方，从内陆到海滨，越来越多的珍禽异兽正在回归。

生物多样性保护行动，在植物世界同样力度空前。

树干通直挺拔，高可达40余米；树冠形状奇特，“亭亭如华盖”，这便是我国云南局部地区特有的植物华盖木。

最初，野外仅发现6株华盖木，已不能够维持一个物种正常的基因交流和繁衍。如今，通过野外调查陆续发现的52株野生华盖木，都已采取了必要的就地保护措施；通过人工引种、繁育、回归自然等措施，1.5万余株华盖木在滇东南的广袤山间扎下根来。

华盖木的新生，堪称我国拯救珍稀濒危物种种群和极小种群的生动例证。

就地保护、迁地保护、野外回归……通过持续开展珍稀濒危野生植物保护，德保苏铁、华盖木、百山祖冷杉等120种极小种群野生植物得到抢救性保护，112种我国特有的珍稀濒危野生植物实现野外回归，部分濒危物种种群数量逐步恢复。

在物种的拯救繁育、就地保护之外，种质资源的保护和利用十分重要。

2007年，中国首个野生生物种质资源库在中国科学院昆明植物研究所建成。经过十余年建设，中国西南野生生物种质资源库已成为全球第二大、亚洲最大的野生种质资源库。

截至2020年12月，中国西南野生生物种质资源库已保存植物种子10601种85046份，占我国种子植物物种数的36%。这里不仅有植物种子，还有我国重要野生植物的离体材料和DNA材料、重要动物的细胞系和重要微生物菌株等遗传材料。

此外，我国建有近200个各级各类植物园（树木园），收集保存了2万多个物种，占中国植物区系的2/3。基本完成了苏铁、棕榈和原产中国的重点兰科、木兰科植物等珍稀野生植物的种质资源收集保存。

2021年12月28日，国务院批复同意在北京设立国家植物园。从“植物园”升级到“国家植物园”，不仅是名称的变更和面积的拓展，更在于从物种、遗传和生态环境等维度保护和彰显植物多样性。

守护物种基因库，抢救性保护濒危物种，保护野生动植物，不仅守护着健康稳定的生态系统，也是守护遗传多样性，守护我们更加美好的明天。

三、以国家公园守护多样的精彩

虎年春节，首张中国国家公园12.5亿像素VR全景照片刷屏网络。只需一部手机，用户便可全景“云”游东北虎豹国家公园。从VR里看，深及小腿的雪地里，有各种动物的脚印，还有野猪拱出的雪坑。若是发现比成人手掌大的梅花状脚印——也许就是东北虎的足迹。

在中国东北地区，野生东北虎和东北豹在历史上曾经“众山皆有之”，然而，由于森林消失和退化，野生东北虎豹种群和栖息地急速萎缩。如今，随着天然林保护工程实施，地处吉林与黑龙江两省交界区域的东北虎豹国家公园正式建立，东北虎豹栖息地生态环境逐步改善，野生种群得到恢复。

监测数据显示，截至2021年底，东北虎豹国家公园内野生东北虎和东北豹数量已由试点时的27只和42只分别上升至50只和60只，监测到新繁殖幼虎10只以上、幼豹7只以上。

不只是东北虎豹，随着三江源、大熊猫、海南热带雨林、武夷山等第一批国家公园的正式设立，大熊猫、藏羚羊、雪豹、海南长臂猿等极具代表性的物种种群都实现恢复性增长。

保护生物的栖息环境，保护生态系统的多样性，是保护生物多样性的根本措施，其中建立自然保护区是最为有效的措施。而构建以国家公园为主体、自然保护区为基础、各类自然公园为补充的自然保护地体系，则是走出了一条中国特色生物多样性保护之路。

国家公园是自然生态系统最重要、自然景观最独特、自然遗产最精华、生物多样性最富集的区域。

以海南热带雨林国家公园为例，这片仅占全国国土面积比例不足0.046%的土地上，拥有中国分布最集中、保存最完好、连片面积最大的热带雨林，有全国约20%的两栖类、33%的爬行类、38.6%的鸟类和20%的兽类，尽显生物多样性的缤纷色彩。

第一批正式设立的5个国家公园涉及10个省区，保护面积达23万平方千米，涵盖近30%的陆域国家重点保护野生动植物种类，实现了重要生态区域的整体保护。

习近平总书记指出，中国实行国家公园体制，目的是保持自然生态系统的原真性和完整性，保护生物多样性，保护生态安全屏障，给子孙后代留下珍贵的自然资产。这是中国推进自然生态保护、建设美丽中国、促进人与自然和谐共生的一项重要举措。

党的十八届三中全会首次提出"建立国家公园体制"，2015年12月，三江源率先开展国家公园体制试点。

2017年,《建立国家公园体制总体方案》印发，为国家公园体制改革提供了有力遵循。

2019年，中央全面深化改革委员会第六次会议强调，把具有国家代表性的重要自然生态系统纳入国家公园体系，实行严格保护，形成以国家公园为主体、自然保护区为基础、各类自然公园为补充的自然保护地管理体系。

与传统的自然保护区相比，国家公园实行统一管理、整体保护和系统修复，保护范围更大、生态过程更完整、管理层级更高，体现了全球价值、国家象征、国民认同。

着力建立以国家公园为主体的自然保护地体系，为推动人与自然和谐共生、保护生物多样性发挥重要作用。截至2021年，全国已建立各级各类自然保护地近万处，约占陆域国土面积的18%，国家级自然保护区达474个，90%的陆地生态系统类型和71%的国家重点保护野生动植物物种得到有效保护。

未来，严格保护，合理利用，让国家公园展现自然之美、生态之美，保护好生物多样性，才能给子孙后代留下珍贵的自然资产。

四、建设万物和谐的美丽家园

2021年，一组组亮眼数据标注着中国生物多样性保护大步前行的刻度：

“国宝”大熊猫受威胁程度等级从“濒危”降为“易危”，大熊猫野外种群数量40年间从1114只增加到1864只；

朱鹮由发现之初的7只增长至野外种群和人工繁育种群总数超过5000只；

亚洲象野外种群数量从20世纪80年代的180头增加到300头左右；

海南长臂猿野外种群数量从40年前的仅存两群不足10只增长到五群35只；

在青藏高原，藏羚羊数量大幅增加；

“微笑天使”长江江豚频繁现身；

…………

曾经的“稀客”变成“常客”，得益于我国生物多样性保护性行动的空前力度。

党的十八大以来，在习近平生态文明思想引领下，我国与时俱进、创新发展，推动生物多样性保护进入新的历史时期，初步形成全方位的生物多样性保护体系：

明确将“生物多样性丧失速度得到基本控制，全国生态系统稳定性明显增强”确立为生态文明建设的主要目标之一，“人与自然和谐共生”成为社会共识；

国务院有关部门和地方政府共同实施《生物多样性保护重大工程实施方案（2015—2020年）》，北京、江苏、云南等22个省、自治区、直辖市制定了省级生物多样性保护战略与行动计划；

颁布和修订了《野生动物保护法》《自然保护区条例》《野生植物保护条例》等多部专门法律法规，对生物物种资源加以保护，确保生物多样性保护有法可依、有法必依；

开展“绿盾”自然保护地强化监督、“碧海”海洋生态环境保护、“中国渔政亮剑”、“昆仑行动”等系列执法行动，对影响野生动植物及其栖息地保护的行为进行严肃查处；

修订调整国家重点保护野生动植物名录，988种（类）野生动物、1101种野生植物列入其中，为拯救珍稀濒危野生动植物，维护生物多样性奠定基础；

截至2020年底，我国形成以国家作物种质长期库及其复份库为核心、10座中期库与43个种质圃为支撑的国家作物种质资源保护体系，建立了199个国家级畜禽遗传资源保种场（区、库）、99个国家级林木种质资源保存库、31个药用植物种质资源保存圃，加强重要生物遗传资源收集保存和利用；

初步建成生物多样性观测网络，在全国建立749个以鸟类、两栖动物、哺乳动物和蝴蝶为主要观测对象的观测样区，布设样线和样点11887条（个），每年获得70余万条观测数据，掌握了典型区域物种多样性变化第一手数据；

严密防控外来物种入侵，近年来我国陆续发布4批《中国自然生态系统外来入侵物种名单》，制定《国家重点管理外来入侵物种名录》，完成10省20县外来入侵物种普查试点，建立外来入侵物种防控部际协调机制，加强外来物种口岸防控，严厉打击我国珍稀物种及其遗传资源流出等问题，守护国家生态安全和生物安全；

…………

功崇惟志，业广惟勤。

生物多样性保护任重而道远！只要秉持人与自然生命共同体理念，把生物多样性保护作为生态文明建设重要内容，以前所未有的雄心和行动，勇于担当，勠力同心，我们就一定能开创生物多样性治理新局面，实现人与自然和谐共生美好愿景。

学习金句

生物多样性既是可持续发展基础，也是目标和手段。我们要以自然之道，养万物之生，从保护自然中寻找发展机遇，实现生态环境保护和经济高质量发展双赢。

——2020年9月30日，习近平主席在联合国生物多样性峰会上的讲话

第五章

生态善治之美

——用最严格制度、最严密法治保护生态环境，提升国家治理体系和治理能力现代化水平

- 让制度成为刚性的约束和不可触碰的高压线
- 用法治力量守护绿水青山
- 加快构建现代环境治理体系

第一节 让制度成为刚性的约束和不可触碰的高压线

保护生态环境，关键靠什么？

习近平总书记在十八届中共中央政治局第六次集体学习时给出鲜明答案，“只有实行最严格的制度、最严密的法治，才能为生态文明建设提供可靠保障”。

党的十八大以来，我国把制度建设作为推进生态文明建设的重中之重，发挥制度管根本、管长远的作用，加快制度创新，增加制度供给，完善制度配套，强化制度执行，让制度成为刚性的约束和不可触碰的高压线。

党的十八届三中全会通过的《中共中央关于全面深化改革若干重大问题的决定》首次确立了生态文明制度体系。

近年来，中共中央、国务院出台《关于加快推进生态文明建设的意见》《生态文明体制改革总体方案》等重要文件，搭建起生态文明制度体系的“四梁八柱”，构建起源头严防、过程严管、后果严惩等基础性制度框架，一个产权清晰、多元参与、激励约束并重、系统完整的生态文明制度体系加快形成，越织越密的生态文明制度体系让美丽中国渐行渐近。

一、源头严防

如果种树的只管种树、治水的只管治水、护田的单纯护田，很容易顾此失彼，最终造成生态的系统性破坏。

自然资源资产所有者不到位、权责不清、权益不落实、监管保护制度不健全等问题是近年来产权纠纷多发、资源保护乏力、开发利用粗放、生态退化严重的重要原因。

为此，党的十八届三中全会提出健全自然资源资产产权制度。《生态文明体制改革总体方案》更是把健全自然资源资产产权制度，列为生态文明体制改革八项任务之首。

2018年3月，十三届全国人大一次会议表决通过了国务院机构改革方案，我国基本建立一类事项原则上由一个部门统筹、一件事情原则上由一个部门负责的自然资源资产管理体制。

同年，组建自然资源部，统一行使全民所有自然资源资产所有权者职责、统一行使所有国土空间用途管制和生态保护修复职责。

组建生态环境部，统一行使生态和城乡各类污染排放监管与行政执法职责，包括指导协调和监督生态保护修复工作，强化统一监管。

2019年4月，中办、国办发布《关于统筹推进自然资源资产产权制度改革的指导意见》，将机构改革递进到制度改革，进一步推动自然资源领域的国家治理现代化取得重大突破。

自然资源资产产权明确了，如何守护好这个“金饭碗”则是另一个重要命题。

“露天煤矿还有多少？”习近平总书记在参加十三届全国人大三次会议内蒙古代表团审议时问道。

在得到来自锡林郭勒的霍照良代表“还有一些”的回答后，总书记追问：“今后不再上了？”霍照良十分肯定地回答：“不再上了！全盟六成以上区域都划入生态保护红线范围了。”“留在那儿，子孙后代可以用。”

习近平总书记颔首赞许。

一问一答间，思考的是人与自然和谐共生的辩证法则，谋划的是中华民族永续发展的根本大计。

为子孙后代计，为长远发展谋。

我国率先在国际上提出和实施生态保护红线制度，同时，推动划定和严守环境质量底线、资源利用上线，形成环境保护、资源节约的刚性约束。

进入新时代，经济需要高质量发展，生态环境需要高水平保护，环境管理必须逐步从粗放式向精细化转变。在此背景下，“三线一单”应运而生。

“三线一单”指生态保护红线、环境质量底线、资源利用上线和生态环境准入清单。

学习金句

习近平总书记讲“三条红线”

在生态保护红线方面，要建立严格的管控体系，实现一条红线管控重要生态空间，确保生态功能不降低、面积不减少、性质不改变。

在环境质量底线方面，将生态环境质量只能更好、不能变坏作为底线，并在此基础上不断改善，对生态破坏严重、环境质量恶化的区域必须严肃问责。

在资源利用上线方面，不仅要考虑人类和当代的需要，也要考虑大自然和后人的需要，把握好自然资源开发利用的度，不要突破自然资源承载能力。

——2018年5月18日习近平总书记在全国生态环境保护大会上的讲话

生态保护红线划定存量，环境质量底线兜底承载力，资源利用上线封顶开发额度，生态环境准入清单明确产业准入要求，环境管控单元覆盖全域，直抵乡镇。用“线”管住空间布局，用“单”规范发展行为。

把经济活动、人类行为限制在自然资源和生态环境能够承载的限度内，以严格的生态环境准入清单推进构建以产业生态化和生态产业化为主体的生态经济体系，实现发展与保护的协同共进。

海南已全面建成并推行“三线一单”生态环境管控体系。其中优先保护单元582个，占全省国土面积的一半以上。当前，“三线一单”已作为海南省项目环评行业准入和区域准入的重要参考依据，与生态环境准入清单要求不相符的项目，依法不予审批。

4万多个环境管控单元，单元精度总体上达到了乡镇尺度……截至目前，我国所有省、市两级“三线一单”成果均完成政府发布，基本建立了覆盖全国的生态环境分区管控体系，美丽中国建设有了绿色标尺。

二、过程严管

当前固定污染源仍然是我国污染物排放的主要来源。

党的十八届三中、五中全会以及《生态文明体制改革总体方案》，都对建立统一公平、覆盖所有固定污染源的排污许可制度提出明确要求。排污许可是指依法对固定污染源的排污行为提出具体要求，并以书面形式确定下来。党的十九届四中全会提出构建以排污许可制为核心的固定污染源监管制度体系，凸显了这项制度对生态环境保护工作的重大意义和重要作用。

2016年11月，国务院办公厅印发《控制污染物排放许可制实施方案》，全面部署排污许可相关工作。2021年1月24日，国务院公布《排污许可管理条例》，自2021年3月1日起施行。

改革后的排污许可证，是企业生产运行期排放废水和废气行为的唯一行政许可，企业排放水和大气污染物的法律要求，全部在排污许可证上予以明确。

排污许可证规定的所有管理要求会形成一条“证据链”，如同企业的财报一样。环保管理人员通过审计企业执行报告和台账，实现更精细化和信息化的管理。环环相扣的“证据链”和台账信息，让企业造假的难度大大增加，促使监管更加高效，责任落实更加到位。

截至2021年底，我国已将304.24万个固定污染源纳入排污管理范围，根据污染物产生量、排放量和对环境的影响程度，实行分类管理，实现排污许可一网打尽、环境监管一目了然。

以排污许可制为核心，通过与有关制度的衔接融合，将分散的环境管理制度整合成为生态环境保护体系，实现固定污染源全过程管理。

过程严管还体现在生态环境监测监察执法体制改革上。

曾有这样的怪事：某地企业非法排污而县领导不让查办，县环保局局长无奈之下写匿名信举报自己。如此“怪事”，却引起不少基层环保部门负责人的共鸣。环保局局长“站得住的顶不住，顶得住的站不住”的履职尴尬，遭人诟病。

2016年7月，中央全面深化改革领导小组第二十六次会议审议通过《关于省以下环保机构监测监察执法垂直管理制度改革试点工作的指导意见》。会议要求建立健全条块结合、各司其职、权责明确、保障有力、权威高效的地方环保管理体制，确保环境监测监察执法的独立性、权威性、有效性。

实行省以下环保机构监测监察执法垂直管理制度，是我国深入推进生态文明体制改革的重要举措。

环境违法处罚，由县环保局直接提交市环保局，县级政府不能再随意撤案销案。执法效率高了，托人说情的少了，改革的初衷正逐步成为现实。

“现在执法力量更集中了，执法的底气也更足了！”2017年5月，河北邢台市成为全省首个实现环保机构垂直管理的地级市。改革后，各县（市、区）环保局统一调整为市环保局的派出分局，由市环保局直接管理。

河北敬业钢铁有限公司是石家庄市平山县一家大型钢铁企业，也是当地第一利税大户。环保部门先后8次发现这家企业有无证排污等违法问题。2018年河北省环保厅通过省级直查、交叉执法等措施，避免了地方干预，查办了这起要案，环境执法人员“腰杆更硬了”。

“推开了推不开的大门，跨进了进不去的企业。”

“垂改”地区通过省级直查、交叉执法等措施，避免了地方干预，查办了一批过去地方环保部门查不动、罚不了的大案要案，为地方环境监管扫除了障碍，解决了一批长期想解决而没有解决的环境难题。

三、后果严惩

制度的生命力在于执行，绝不能让制度规定成为“没有牙齿的老虎”。

2013年5月，习近平总书记在主持十八届中共中央政治局第六次集体学习时指出，要建立责任追究制度，对那些不顾生态环境盲目决策、造成严重后果的人，必须追究其责任，而且应该终身追究。

开展生态环境保护督察，是党中央、国务院为加强环境保护工作采取的一项重大举措。习近平总书记亲自倡导、亲自部署，主持制定一系列重大改革举措和重大制度安排。

从2015年12月在河北省试点开始，首轮中央生态环境保护督察用约三年时间实现了对31个省（区、市）和新疆生产建设兵团第一轮督察全覆盖，并对20个省（区）开展“回头看”。

2019年7月，第二轮督察工作全面启动，督察范围也扩大至中央企业和国务院有关部门。

“河水变清了，不黑也不臭了。”在广东汕头市潮阳区海门镇，居民何伯目睹了这两年练江的变化。

2018年，中央生态环保督察组“回头看”期间，还措辞严厉批评练江污染问题。督察组建议，汕头市领导带头住到练江边，和沿河老百姓住在一起，直到水不黑不臭。

第一轮中央生态环境保护督察及“回头看”受理群众举报21.2万余件，直接推动解决群众身边的生态环境问题15万余个；立案侦查2303件，行政和刑事拘留2264人；共向地方移交生态环境损害责任追究案件509个，地方已完成问责4218人，其中厅局级及以上干部686人、处级干部2062人。

“中央肯定、地方支持、百姓点赞、解决问题。”

一个个曾被认为“不可能”整治的污染问题，一处处曾一度失去的水清岸绿，在中央生态环境保护督察推动下，或整改到位，或失而复得，得到人民群众普遍称赞和拥护。

2018年5月，习近平总书记在全国生态环境保护大会上指出：“特别是中央环境保护督察制度建得好、用得好，敢于动真格，不怕得罪人，咬住问题不放松，成为推动地方党委和政府及其相关部门落实生态环境保护责任的硬招实招。”

2019年6月，中办、国办印发《中央生态环境保护督察工作规定》。这是生态环境保护领域的第一部党内法规。以党内法规的形式来规范督察工作，充分体现了党中央、国务院推进生态文明建设、加强生态环境保护工作的坚强意志和坚定决心，将为依法推动生态环保督察向纵深发展发挥重要作用。

强化责任意识，是抓好制度执行的根本。因此，生态文明建设搞得好不好，领导干部这个“关键少数”很重要。转变长期以来追求“国内生产总值至上”的政绩观，在习近平总书记看来尤为重要。

最重要的是要完善经济社会发展考核评价体系，把资源消耗、环境损害、生态效益等体现生态文明建设状况的指标纳入经济社会发展评价体系，建立体现生态文明要求的目标体系、考核办法、奖惩机制，使之成为推进生态文明建设的重要导向和约束。

如果生态环境指标很差，一个地方一个部门的表面成绩再好看也不行，不说一票否决，但这一票一定要占很大的权重。

2016年12月，中办、国办印发《生态文明建设目标评价考核办法》，确定对各省区市实行年度评价、五年考核机制，以考核结果作为党政领导综合考核评价、干部奖惩任免的重要依据。生态责任成为政绩考核的必考题。

有什么样的政绩考核，就有什么样的政绩观，有什么样的政绩观，就有什么样的施政行为。

近年来，各级领导干部这个“关键少数”，越来越自觉地践行绿色发展理念，对生态环境保护不再“说起来很重要、做起来挂空挡”。很多领导干部早上醒来第一件事，就是拿起手机查看当天的空气质量指数。

对那些损害生态环境的领导干部，只有真追责、敢追责、严追责，做到终身追责，制度才不会成为“稻草人”“纸老虎”“橡皮筋”。

2015年8月，《党政领导干部生态环境损害责任追究办法（试行）》首次将地方党委领导成员尤其是党委主要负责人作为追责对象，不仅党政同责，而且终身追责，决不允许出现在生态环境问题上拍脑袋决策、拍屁股走人的现象。

领导要离任，先过“生态关”。对造成生态环境损害负有责任的领导干部，不论是否已调离、提拔或者退休，都必须严肃追责。

2017年，青海省审计厅出台《领导干部自然资源资产离任审计工作指导意见》，进一步为领导干部加压，对主要领导任职前后管辖区域内的自然资源资产变化情况进行审计，重点监督检查土地、矿产、水、森林、草原资源等相关政策制度执行情况，特别是约束性指标落实、生态红线保护管理与执行、资源高效利用机制建立等情况，力求通过念好“紧箍咒”、算好“生态账”，督促、倒逼各地履行好生态环境保护责任，树立更科学的生态观和政绩观。

2017年11月，中办、国办印发《领导干部自然资源资产离任审计规定（试行）》，领导干部自然资源资产离任审计由试点阶段进入全面推开阶段。

一些地方领导干部开始真正意识到生态环境保护“党政同责”“一岗双责”的分量，思想上的“雾霾”一扫而空。不能吃祖宗饭、断子孙路，用破坏性方式搞发展，逐渐成为共识。

学习金句

各级党委和政府要提高政治判断力、政治领悟力、政治执行力，心怀“国之大者”，担负起生态文明建设的政治责任，坚决做到令行禁止，确保党中央关于生态文明建设各项决策部署落地见效。

——2021年4月30日习近平总书记在十九届中央政治局第二十九次集体学习时的讲话

第二节 用法治力量守护绿水青山

法者，治之端也。

生态文明建设顶层设计明晰之后，各项配套法律制度、实施办法的制定，紧锣密鼓地展开。

用法治守护绿水青山，我们创造了生态治理的绿色奇迹，青山常在、绿水长流、空气常新的美丽中国画卷正在展开。

一、构建最严密的生态环境保护法律制度

2014年4月，十二届全国人大常委会第八次会议表决通过了新修订的《环境保护法》，自2015年1月1日起施行，被媒体称为“史上最严环保法”。

修订历时4年，历经4次审议和2次向社会公开征求意见，修改力度之大、历时时长之久和审议次数之多在我国立法史上尚属罕见。

体现“保护优先”立法理念，新环保法将“保护环境是国家的基本国策”写入法律，将原环保法中的“使环境保护工作同经济建设和社会发展相协调”，修改为“使经济社会发展与环境保护相协调”。

牵住牛鼻子，新环保法明确各级政府对本行政区域的环境质量负责，环境保护目标完成情况与各级政府和干部的考核评价机制挂钩。

长出铁齿铜牙，新环保法明确按日计罚、限产停产等罚则。

实施第一年，总量减排毫不含糊，“十二五”规划五年总目标提前完

成。前11个月，全国实施按日连续处罚案件611件，罚款数额达4.85亿元，实施查封、扣押案件3697件，实施限产、停产案件2511件。

党的十八大以来，生态环境领域的主要法律均经过一轮修订。

2016年新制定《环境保护税法》，环境保护由费改税，归地方政府所有，全部用于环保。

2017年修订的《水污染防治法》，大幅提高了罚款数额。新制定核安全法，写入“理性、协调、并进”的核安全观，明确从高、从严建立核安全标准体系。

2018年新制定的《土壤污染防治法》，对部分严重违法行为实施既罚单位又罚个人的“双罚制”，将处罚落实到人。修改环境影响评价法，在全面深化“放管服”改革的新形势下，将环评文件的责任主体由环评机构改为建设单位。

2020年修订的《固体废物污染环境防治法》，进一步明确卫生健康、生态环境等部门的监管职责，突出医疗卫生机构、医疗废物集中处置单位等主体责任，并完善应急保障。

新制定的《生物安全法》，构建起生物安全风险防控的11项基本制度，突出防控重大新发突发传染病。

新制定的《长江保护法》，这是我国首部流域法律，规定建立流域协调机制，推行生态保护补偿。

2021年新制定的《噪声污染防治法》，对恼人的夜间施工噪声、机动车轰鸣疾驶噪声、娱乐健身音响音量大、邻居宠物噪声扰民等问题，作出了相应规定。

新制定的《湿地保护法》，界定湿地范围，明确国家严格控制占用湿地，加强泥炭沼泽、红树林湿地保护。

目前，生态环保法律体系初步形成，相关法律达到31部，还有100多部行政法规和1000余部地方性法规。

其他法律的制订、修订也充分体现“绿色”原则。

2021年1月1日起施行的《民法典》，开篇就规定，民事主体从事民事活动，应当有利于节约资源、保护生态环境。

不仅是国家层面的生态环境立法加速，近年来，地方立法也发挥了织密绿水青山法网的重要作用。

2011年10月，江苏苏州制定《苏州市湿地保护条例》，重点对湿地保护管理体制、重要湿地认定、湿地征占用管理等方面作了具体规定，苏州的自然湿地保护率从2011年的13.5%提升到2021年的70.4%。

2014年2月，山东出台了《山东省环境空气质量生态补偿暂行办法》，建立了基于环境空气质量改善的考核奖惩和生态补偿机制，“气质”提升发红包、“气质”恶化吃罚单。实施第一年，山东17个市空气质量均实现不同程度的改善。

曾是全省水污染防治“硬骨头”的沱江流域，在《四川省沱江流域水环境保护条例》制定和实施后，水质持续向好。2019年，沱江流域16个国家地表水考核断面优良水质断面15个，占比93.8%，同比提高31.3个百分点，劣V类水质断面基本消除。

“十四五”期间，我国将加强重点领域立法，填补立法空白。按计划推动黄河保护、海洋环境保护、生态环境影响评价、气候变化应对、生态环境监测、生物多样性保护、电磁辐射污染防治等一批重点领域法律法规的制修订。

同时，大力推动生态文明体制改革相关立法，加强生态环境损害赔偿、自然保护地、生态保护红线、环保信用评价等方面的立法。

二、让环境执法起作用，让制度落实到位

对破坏生态环境的行为不能手软，不搞下不为例，要把制度的刚性和权威牢固树立起来。

2019年3月，习近平总书记参加十三届全国人大二次会议内蒙古代表团审议时，就生态文明建设发表重要讲话，体现了党中央毫不动摇加强生

态文明建设的坚强决心。

全国两会刚结束没多久，全国人大常委会就启动了2019年的执法检查，目标直指水污染防治法实施情况。与往常不同，这次执法检查首次引入第三方评估，通过借用“外脑”，更多采用数据化、精准化的监督方式，推动人大监督工作提质增效。

观察全国人大常委会近期在生态环境保护上的一系列举措，不难发现，“发挥法律制度的刚性约束作用”成为其中的亮点。

2020年3月，生态环境部提出建立和实施监督执法正面清单要求各地通过实行分类监管、差异化监管，科学合理配置执法资源，实现对守法企业无事不扰，对违法企业利剑高悬。

随后，32个省级生态环境部门均制定印发落实正面清单工作实施方案并确定首批纳入正面清单企业名单，合计6.5万家。

执法正面清单制度是促进企业守法、推动企业守法执法并重的有益尝试。企业免予现场执法检查，并不简单等于“不管不问”，执法部门仍可以通过线上交流等多种方式开展对企业的监督、管理和服务。

2021年1月，生态环境部发布了《关于优化生态环境保护执法方式提高执法效能的指导意见》，特别提出大力拓展非现场监管的手段及其应用，将其作为日常执法检查的重要方式。

在江苏南通，执法人员根据某企业治污设施用电量连续23小时数值为“0”的线索，最终认定该行为属于“未按照规定使用污染防治设施”的行为，并予以立案处罚。

在贵州六盘水，执法人员根据“某煤矿废水流量长时间恒值为零”的线索，结合检查时发现该煤矿处于生产状态的情况，再根据水平衡计算，初步判断该煤矿存在“私设暗管”的违法行为。然后进行调查核实，并作出行政处罚。

在浙江杭州，执法人员通过“环保码”平台查看排污企业告警“情报”，在智能分析锁定线索后，非现场执法查获了一起“重点排污单位干扰自动监测设备排放污染物”的环境犯罪案件，并已移交公安机关。

用电量、废水流量、环保码……许多过去不被人注意的细节，如今都成了发现环保违法问题的线索。环保执法方式也从过去的“靠人查”，逐渐转变为了“靠大数据查”。

生态环境关乎着每一个人的生活，面对一些群众反映强烈的突出环境问题，执法部门必须敢于“亮剑”，重拳出击。

2021年全国共下达环境行政处罚决定书13.28万份，罚没款数额总计116.87亿元，案件平均罚款金额8.8万元。

环境保护法配套办法五类案件总数为15454件。其中，按日连续处罚案件数量为199件，罚款金额为1.86亿元；适用查封、扣押案件数量为8897件；适用限产、停产案件数量为1093件；移送拘留案件数量为3397件；移送涉嫌环境污染犯罪案件数量为1868件。

党的十八届三中全会要求，独立进行环境监管和行政执法。

2018年12月，中办、国办印发《关于深化生态环境保护综合行政执法改革的指导意见》，部署生态环境保护执法工作。

当前，各地生态环境保护综合行政执法机构基本组建完成，改革的“前半篇文章”基本到位。

接下来，要在运行机制、能力建设、法治保障等方面大力加强建设，做好改革的“后半篇文章”，确保实现“机构规范化、装备现代化、队伍专业化、管理制度化”，建设一支蓝天净土、绿水青山的坚强守卫者。

学习金句

要整合组建生态环境保护综合执法队伍，按照减少层次、整合队伍、提高效率的原则，优化职能配置，统一实行生态环境保护执法。

——2018年5月18日，习近平总书记在全国生态环境保护大会上的讲话

三、为守护绿水青山提供更坚实司法保障

新环保法和《最高人民法院关于审理环境民事公益诉讼案件适用法律若干问题的解释》实施后，环境公益诉讼的开展更为顺畅。2015年，全国14个省、直辖市受理了环境公益诉讼案件；9家社会组织提起37起环境公益诉讼案件，其中6起审结。2017年6月，全国人大常委会通过修改民事诉讼法、行政诉讼法的决定，正式建立检察机关提起公益诉讼制度，实现了惩治污染环境行为责任形态的全覆盖。

确定管辖难、调查取证难、司法鉴定难、法律适用难，与相关行政机关执法之间的协调配合机制不畅……这些问题，成为各地检察机关在办理生态环境案件时遇到的实际困难。

2019年1月，最高人民检察院与生态环境部等九部委联合印发《关于在检察公益诉讼中加强协作配合依法打好污染防治攻坚战的意见》，就在检察公益诉讼中加强协作配合，合力打好污染防治攻坚战，共同推进生态文明建设形成协作意见。

检察机关提起公益诉讼制度是我国生态检察制度不断健全完善的一个缩影。

北京市朝阳区自然之友环境研究所诉现代汽车（中国）投资有限公司大气污染责任纠纷案，系全国首例将慈善信托机制引入公益诉讼资金管理制度的环境民事公益诉讼案件。

贵州省榕江县人民检察院诉榕江县栽麻镇人民政府环境保护行政管理公益诉讼案，系全国首例以保护传统村落为目的的环境行政公益诉讼案件。

2021年全国两会期间，最高人民法院工作报告和最高人民检察院工作报告中显示：

2020年，检察机关办理环境公益诉讼案件8.4万件，同比上升21%；

全国法院审结环境公益诉讼案件3557件，同比增长82.1%。

实践中，针对生态环境部门提起的行政公益诉讼案件，通过诉前程序解决了大部分问题。

从只能由环境污染的受害人对污染者提起诉讼，到可以由人民检察院向人民法院提起生态环境民事、行政公益诉讼，对环境违法者的震慑力和惩治力度大大提升。

自2011年刑法修正案将原刑法第338条“重大环境污染事故罪”修订为“污染环境罪”后，“两高”及时出台《关于办理环境污染刑事案件适用法律若干问题的解释》，降低入罪标准，细化入罪情形。

近年来，环境污染犯罪出现了一些新的情况和问题，如危险废物犯罪呈现出产业化迹象，大气污染犯罪取证困难，篡改、伪造自动监测数据和破坏环境质量监测系统的刑事规制存在争议等。

鉴于此，2016年12月，“两高”对2013年联合下发的《关于办理环境污染刑事案件适用法律若干问题的解释》进行“升级”。

细化重金属污染环境入罪标准、重污染天气预警期间排放有害物质从重处罚、明知无经营许可还提供贮存的以共同犯罪论处、环境监测设施维护人员篡改数据从重处罚……环境司法打击力度再次加大。

2019年2月，最高人民法院、最高人民检察院、公安部、司法部、生态环境部联合印发《关于办理环境污染刑事案件有关问题座谈会纪要》，对环境污染犯罪敢于“亮剑”、绝不手软。

江苏法院审理向长江非法排污案，让排污者支付5.2亿元环境修复费用和罚金；

河南法院审理废酸污染黄河支流案，改变“企业排污、群众受害、政府买单”现象；

广西法院加强巡回审判保护野生动物；

陕西法院用恢复性司法助力修复秦岭生态；

…………

正如习近平主席向世界环境司法大会致贺信中所写，“中国持续深化环境司法改革创新，积累了生态环境司法保护的有益经验”。

生态环境没有替代品，用之不觉，失之难存，必须用专门化的审判力量，为守护绿水青山提供更坚实的司法保障。

2014年6月，最高法成立环境资源审判庭。

截至2020年底，全国共设立环境资源专门审判机构1993个，包括环境资源审判庭617个，合议庭1167个，人民法庭、巡回法庭209个，基本形成专门化的环境资源审判组织体系。

共有22家高院及新疆生产建设兵团分院实现了环境资源刑事、民事、行政、执行案件“三合一”或“四合一”归口审理。

辽宁、青海、福建、江西、湖南、宁夏、甘肃等省区已开展或启动环境资源案件跨区域集中管辖。

近年来，各地在推进生态文明建设过程中，积极回应人民群众的所想所盼所急，用法治思维和方式破解生态环境保护和治理中遇到的问题，法治成为平衡经济发展和生态环保的最大公约数，成为绿水青山和金山银山之间的桥梁。

学习金句

地球是我们的共同家园。世界各国要同心协力，抓紧行动，共建人和自然和谐的美丽家园。中国坚持创新、协调、绿色、开放、共享的新发展理念，全面加强生态环境保护工作，积极参与全球生态文明建设合作。中国持续深化环境司法改革创新，积累了生态环境司法保护的有益经验。中国愿同世界各国、国际组织携手合作，共同推进全球生态环境治理。

——2021年5月26日习近平主席致世界环境司法大会的贺信

第三节 | 加快构建现代环境治理体系

中央全面深化改革委员会第十一次会议审议通过了《关于构建现代环境治理体系的指导意见》。2020年初，中办、国办印发该指导意见，为我国构建党委领导、政府主导、企业主体、社会组织和公众共同参与的现代环境治理体系勾画蓝图。

一、实行生态环境保护党政同责、一岗双责

云南昆明“长腰山过度开发严重影响滇池生态系统完整性”、江西南昌“每天超过50万吨生活污水未收集直排入城市河道、湖泊和赣江”、广西崇左“上报国家黑臭水体治理任务的5个池塘，有4个被填平”……

第二轮第三批中央生态环境保护督察连续通报多件典型案例，直指一些地方政府在生态环境保护方面的缺位，彰显了党和政府坚定走生态优先、绿色发展之路的决心。

习近平总书记强调：“地方各级党委和政府主要领导是本行政区域生态环境保护第一责任人，各相关部门要履行好生态环境保护职责，使各部门守土有责、守土尽责，分工协作、共同发力。”

保护江河湖泊，事关人民群众福祉，事关中华民族长远发展。

古有大禹治水，今有河长治污。

一些地区先行先试，由党政领导担任河长，依法依规落实地方主体责

任，协调整合各方力量，进行了有益探索。

“每条河流要有‘河长’了”——习近平主席在2017年新年贺词中的铿锵话语犹在耳边。这是情系民心的庄严承诺，也是维护河流健康的号令动员。

2016年12月，中办、国办发布《关于全面推行河长制的意见》。

战鼓催人，风生水起。机构到位，河长就位，从江河源头到海滨湖畔，无论大江大河还是支流小河，越来越多的河流有了健康守护责任人。

谁当河长？河长制核心是党政同责，首长负责。

5年多来，31个省（区、市）设立党政双总河长，党政主要负责同志携手履行第一责任人职责，明确省市县乡级河湖长30多万名，村级河湖长（含巡、护河员）90万名。

“河长上岗，水质变样，挖淤泥、清河道，家乡的望虞河变清了！”江苏苏州相城区居民们感叹。

“一场清河行动，让臭水河变了，小时候的小埠河又回来了！”安徽芜湖县李家村农民们感慨。

身边的河流悄然发生变化，污染的河清澈起来，断流的河欢奔起来。

河长必须守水有责、守水尽责。

在江苏无锡，治水成了“一票否决”的硬任务，对工作不力者动真格，17名河长因不达标被约谈；

在天津，河长“月考”排名，定期晒成绩单，并与“以奖代补”资金和干部实绩挂钩；

在浙江，30个省级督查组每季度明察暗访，强化问责，探索“下游考核上游”“你点我查”等机制。

以河长制促进“河长治”，河畅、水清、岸绿的美好图景正变为现实。

2018年1月，中办、国办发布《关于在湖泊实施湖长制的指导意见》。

继河长制建立之后，2018年底湖长制全面建立。

“十三五”期间，百万名河湖长尽心守护一方方清水，使水生态环境逐步恢复。全国地表水Ⅰ—Ⅲ类水质断面比例由2016年的67.8%上升至2019年的74.9%，劣Ⅴ类水质断面比例由2016年的8.6%下降至2019年的3.4%。

如同每一条河流，每一个湖泊，每一片森林、草原也将拥有专属的守护者。

2021年1月，中办、国办发布《关于全面推行林长制的意见》，对保护发展森林草原资源作出明确要求，并提出确保到2022年6月全面建立林长制。

习近平总书记强调："各相关部门要履行好生态环境保护职责，谁的孩子谁抱，管发展的、管生产的、管行业的部门必须按'一岗双责'的要求抓好工作。"

2020年3月，中办、国办印发《中央和国家机关有关部门生态环境保护责任清单》，首次以清单形式明确了中央和国家机关48个部门186条责任，推动落实党政同责、一岗双责。

"落实领导干部生态文明建设责任制，严格实行党政同责、一岗双责"，这一制度安排正日益成型，并切实运转起来，发挥着越来越重要的作用。

二、落实企业环保主体责任

一到秋季，10余万只候鸟飞临天津七里海湿地，震旦鸦雀、中华攀雀、文须雀等近危鸟类在这里从容觅食。天津已成为不少候鸟的栖息地。

自然环境的改善，离不开企业绿色生产水平的不断提升。

近年来，越来越多的企业将绿色发展理念纳入企业社会责任体系中。

创新绿色低碳技术，打造智能化、清洁化的绿色工厂；

培育绿色低碳产业，提供共享出行、循环利用等绿色产品服务；

传播绿色低碳理念，助推简约适度、环境友好的生活方式形成风尚……

企业主动承担社会责任、积极行动，赢得公众赞誉，也为自身带来社会声誉。

环境信息依法披露是重要的企业环境管理制度，是生态文明制度体系的基础性内容。

《关于构建现代环境治理体系的指导意见》提出，排污企业应通过企业网站等途径依法公开主要污染物名称、排放方式、执行标准以及污染防治设施建设和运行情况，并对信息真实性负责。

中央全面深化改革委员会第十七次会议审议通过《环境信息依法披露制度改革方案》。2021年5月，由生态环境部印发。

同年12月，《企业环境信息依法披露管理办法》发布，自2022年2月8日起施行。

按照办法要求，企业应当于每年3月15日前披露上一年度1月1日至12月31日的环境信息。

生态环境领域信用建设是社会信用体系建设的重要组成部门。

2015年12月，原环境保护部与国家发改委联合发布《关于加强企业环境信用体系建设的指导意见》，在全国范围加快建立企业环境保护“守信激励、失信惩戒”机制。

指导意见发布后，江苏省全面启动企业环保信用评价，将企业的环保守信情况分为绿、蓝、黄、红、黑5个级别。一旦被列入黑、红名单，企业行为会处处受限。

2016年6月，江苏南通市原环保局发布2015年度市区357家非国控企业环境信用评级结果，公开通报“五色榜”企业名单，15家企业上了黑名单，40家企业被列入红名单。被评定为红色企业后，电费每度要增加0.05元，污水处理费每吨要增加0.6元。

山东修订印发《山东省企业环境信用评价办法》，企业环境信用等级由原来的“绿、黄、红”三个等级进一步细化为“绿、蓝、黄、黑”四个等级，并首次设立“黑名单”制度。

福建从2018年底起开始实行企业环境信用应约和动态评价，解决各地在开展环境信用评价中普遍存在的一年一评、评价结果滞后，无法反映企业当前环境信用状况的问题。

习近平总书记指出，只有积极承担社会责任的企业才是最有竞争力和生命力的企业。

在通往市场的道路上，企业自觉把“生态优先，绿色发展”理念贯穿到经营活动中，用实际行动保护清新空气、清洁水源、美丽山川、肥沃土地和生物多样性，才能在全球竞争中提升竞争力，让中国“绿色、低碳、循环利用资源”的生动实践更好延续下去。

学习金句

要落实政府主体责任，强化企业责任，按照谁污染、谁治理的原则，把生态环境破坏的外部成本内部化，激励和倒逼企业自发推动转型升级。

——2018年5月18日，习近平总书记在全国生态环境保护大会上的讲话

三、健全生态环境经济政策

发挥好税收的杠杆作用，对资源枯竭、环境污染的传统发展形成倒逼机制，有利于撬动绿色发展。

2017年，我国在北京、天津、山西、内蒙古、山东、河南、四川、陕西、宁夏等9省（区、市）启动水资源税扩大改革试点，连同之前首先开展改革试点的河北省，目前共有10个省（区、市）正在进行水资源的费改

税试点。

2018年，我国第一部专门体现“绿色税制”、推进生态文明建设的单行税法——《环境保护税法》正式实施。

2020年，由《资源税暂行条例》升级而来的《资源税法》施行，资源税征管遵循的法律级次更高、刚性更强，这为绿水青山拉起了又一张“保护网”。

近年来，一系列绿色税制改革扎实有序推进。

我国正逐步构建起实行税收激励与实施税收限制“双向用力”，资源开采、消耗、污染排放、循环利用、进出口等“多环相扣”，资源税、环保税、企业所得税等“多税共治”的绿色税制体系。

“传统污泥的填埋方式成本高，处置效果也有限。”福建厦门一家电力公司负责人说，2018年至2020年，该公司累计享受环保税税收优惠1284万元，受益于此，公司有更多资金投入研究污泥处理。2021年3月，公司燃煤耦合污泥发电技改项目商业试运行，日处置污泥可达1000吨，经过高温锅炉焚烧的污泥转化为粉煤灰，成为建筑需要的原材料，实现城市污泥变废为宝的循环发展。

环境保护税法实施以来，每万元国内生产总值产值对应的污染当量数从2018年的1.16下降到2020年的0.86。2020年，北京等10个水资源税试点省（区、市）取用地下水水量占征税范围内总用水量的比例为33.5%，比改革前的2016年下降8个百分点。

以环保税为主体的绿色税收体系有效抑制了企业高污染高耗能行为，同时也有利于鼓励企业节能减排，推动绿色消费，双向调节助力生态环境保护。

发展绿色金融，是实现绿色发展的重要措施，也是供给侧结构性改革的重要内容。

绿色金融既能够引导和优化资源配置，有力促进生态环境保护和生态文明建设，还能够积极推动绿色产业发展和传统产业转型升级。

在碳达峰、碳中和目标下，我国产业结构、能源结构及消费结构加速调整，绿色能源、绿色制造、绿色建筑、绿色交通等新业态蓬勃发展，相关投融资需求大幅增长。据测算，实现碳达峰、碳中和目标所产生的资金需求，规模高达百万亿元。

2016年，经国务院同意，中国人民银行、财政部等七部委联合印发了《关于构建绿色金融体系的指导意见》。随着该指导意见的出台，中国成为全球首个建立了比较完整的绿色金融政策体系的经济体。

“十三五”期间，我国绿色金融从无到有、迅速壮大，成为绿色发展的重要助推器。截至2020年末，中国本外币绿色贷款余额约12万亿元，存量规模居世界第一；绿色债券存量约8000亿元，居世界第二。

2021年，上市银行披露的半年报中，绿色金融成为一大亮点，各家银行纷纷加大绿色贷款投放力度，工行、农行、中行、建行等多家大型银行绿色贷款余额突破万亿元，其中工行绿色贷款余额已突破2万亿元，绿色金融已发展成为大部分上市银行的基础性业务。

绿色金融的快速发展，提升了金融业的适应性、竞争力和普惠性，为支持绿色低碳转型、推动经济高质量发展发挥了积极作用，也成为我国参与全球经济金融治理的重要领域和亮点之一。

第六章

生态人文之美

——习近平生态文明思想深入人心，建设美丽中国日益成为全体人民的自觉行动

- 生态文化成为全社会共同价值理念
- 绿色生活方式在全社会蔚然成风
- 人人都是生态环境的保护者与建设者

第一节 生态文化成为全社会共同价值理念

生态文明建设是功在当代利在千秋的伟业，必须通过培育系统的生态文化不断提升生态文明水平。

2004年，时任浙江省委书记的习近平在《浙江日报》“之江新语”专栏发布文章，提出进一步加强生态文化建设，使生态文化成为全社会的共同价值理念。

生态文化是生态文明时代的主流文化。生态文化，包括生态价值观、生态道德观、生态发展观、生态消费观、生态政绩观等生态文明核心理念。生态文化的主旨是人与自然和谐共生、协同发展，倡导勤俭节约、绿色低碳、文明健康的生产生活方式和消费模式，唤起民众向上向善的生态文化自信与自觉，为正确处理人与自然关系，解决生态环境领域突出问题，推进经济社会转型发展提供内生动力。

一、中华生态文化绵延千年，启迪未来

生态文化是中华文明的重要支撑。中华民族向来尊重自然、热爱自然，绵延5000多年的中华文明孕育着丰富的生态文化。

《易经》：“观乎天文，以察时变；观乎人文，以化成天下。”

《老子》：“人法地，地法天，天法道，道法自然。”

《论语》:“子钓而不纲，弋不射宿。”

《孟子》:“不违农时，谷不可胜食也；数罟不入洿池，鱼鳖不可胜食也；斧斤以时入山林，材木不可胜用也。”

《齐民要术》:“顺天时，量地利，则用力少而成功多。”

…………

这些观念都强调要把天地人统一起来、把自然生态同人类文明联系起来，按照大自然规律活动，取之有时，用之有度。

中华文明孕育了博大精深的生态文化，通过确立人与自然交往的生态理念、价值取向和行为规范，维护和增强生态系统的可持续发展功能，是推动绿色发展的原动力和思想基础。

然而，纵观人类成长的历史，并非每一种文明都能正确处理好发展与生态环境的关系。

距离智利以西外海约3600千米的地方，有一个孤悬在太平洋深处的小岛——复活节岛（Easter Island）。历史上这里也曾经是林木葱茏、鸟语花香的世外桃源。后来，人口增加，自然生态的承载能力最终被人类活动的重压超越，出现了“人增—地减—粮紧”的矛盾。随着人口不断下降，复活节岛文明陷入衰弱。

另一个故事的结局是温馨的。在处于中华文明的西南边陲的摩梭人，建立起尊重自然、自律性控制人口的生活方式。这种人与生态和谐相处的自然信念，不仅保存了自己，也影响了周边的普迷人、纳西人和彝人，成为一个缩微版的太平洋沿岸多民族和谐互动、人类活动和自然生态和谐的千年样板。

生态兴则文明兴。

习近平总书记站在历史的高度，多次强调必须牢牢树立尊重自然、顺应自然的生态文明理念。传承、发展和弘扬中华生态文化，是建设美丽中国的题中应有之义。

2019年，习近平主席在中国北京世界园艺博览会开幕式上指出：“我们应该追求热爱自然情怀。‘取之有度，用之有节’，是生态文明的真谛。我们要倡导简约适度、绿色低碳的生活方式，拒绝奢华和浪费，形成文明健康的生活风尚。要倡导环保意识、生态意识，构建全社会共同参与的环境治理体系，让生态环保思想成为社会生活中的主流文化。要倡导尊重自然、爱护自然的绿色价值观念，让天蓝地绿水清深入人心，形成深刻的人文情怀。”

在推进生态文明建设过程中，必须坚持走生态优先、绿色发展新路，高度重视繁荣发展生态文化的意义和作用，积极开展生态文化公益活动，为人们提供丰富多样的生态产品和文化服务，增强人们珍惜自然资源、保护生态、治理环境的自觉性。

二、“绿色发展”成为新理念

双奥之城，绿色发展。

“在延庆赛区，处处都是低碳节能的影子，‘绿色办奥’的理念扎根在我们心里。”

“延庆赛区从规划设计、施工建设、运行管理到赛后利用的全过程，都贯彻了可持续发展理念，力争打造人与自然和谐共生的生态赛区。”

“我们在场馆里粘贴了不少节能提示，大家基本上都能做到随手关灯、节水节电；每天巡查时，阳面办公区一到10时就准时把灯关掉。”

北京冬奥会延庆场馆群可持续经理介绍说。

场馆空调温度设置在合理区间；餐厅垃圾进行分类投放；废弃纸箱经由消毒后当作垃圾桶，实现二次利用；走廊里的照明灯在保证光线充足的情况下一般只开一半……在延庆赛区，这样的环保细节数不胜数。

这背后，是北京冬奥会对绿色发展理念的高度重视，在奥运史上首次实现了全部场馆100%绿色供电，预计共将消耗绿色电力约4亿千瓦时，八成以上交通用车为新能源车辆，成为首个“碳中和”冬奥会。抓住绿色低碳发展带来的机遇，才能加快形成节约资源和保护环境的产业结构、生产方式、生活方式、空间格局。

不只北京，全国其他地方也迎来了绿色低碳发展推动经济结构转型升级的机遇。

截至2021年5月，天津已建成绿色工厂146家，国家级绿色供应链管理示范企业14家，绿色园区4个。初步统计，全市绿色工厂工业总产值已突破3000亿元，实现绿色发展和经济效益双赢。

广东省政府工作报告显示，2021年广东大力推进绿色制造、清洁生产，加快能源结构调整，新投产海上风电549万千瓦、光伏发电225万千瓦、抽水蓄能70万千瓦。

2021年是"十四五"开局之年，也是推动减污降碳协同增效、促进经济社会发展全面绿色转型的关键之年。这一年，我国着力推动经济社会发展全面绿色转型，取得了显著成效：

节能降耗扎实推进，单位国内生产总值能耗同比下降2.7%；

清洁能源消费快速发展，天然气、水核风光电等消费比重达到25.3%，同比提高1个百分点；

可再生能源发电量稳步增长，达到2.48万亿千瓦时，占全社会用电量的29.8%；

绿色产品产量快速增长，新能源汽车、太阳能电池产量分别同比增长145.6%、42.1%；

…………

随着生态文明建设进入了快车道，绿色低碳发展也按下了快进键。

"近年来我国推动生态优先、绿色发展的变化和成就，体现在五个'前所未有'：思想认识程度之深前所未有，污染治理力度之大前所未有，制度出台频度之密前所未有，监管执法尺度之严前所未有，环境质量改善速度之快前所未有。"生态环境部环境与经济政策研究中心负责人表示。

努力实现绿色成为普遍形态的发展。

党的十九届六中全会审议通过的《中共中央关于党的百年奋斗重大成就和历史经验的决议》提出："实现创新成为第一动力、协调成为内生特点、绿色成为普遍形态、开放成为必由之路、共享成为根本目的的高质量发展。"实现绿色成为普遍形态的发展，必须继续推进经济社会发展全面绿色转型。

三、生态文明宣教活动丰富多彩

党的十八大以来，相关部门持续加大生态环保宣传教育工作力度，切实提升全社会的生态文明素养。

在政府、在企业、在学校、在展馆、在社区、在家庭……丰富多彩的宣传教育推动绿色低碳环保理念正在各界群众心中生根发芽。

学习金句

要加强生态文明宣传教育，增强全民节约意识、环保意识、生态意识，营造爱护生态环境的良好风气。

——2013年5月，习近平总书记在十八届中央政治局第六次集体学习时的讲话

"自觉、自发、自愿"，是浙江湖州人由衷热爱生态环境的真实写照，这样的保护意识和行动，源自这个城市深厚的人文底蕴与多年生态文化涵养。

2014年，湖州市发布了《湖州市民生态文明公约》，192字的公约，其实就是市民爱家园、促和谐的行动指南。

2015年，湖州市政府决定把每年8月15日设为"湖州生态文明日"。

这几年，湖州联合中国科学院成立了中国生态文明研究院，成立了浙

江生态文明干部学院，组织开展绿色学校、绿色社区、绿色家庭等生态细胞创建活动，不断增强干部群众对生态文明建设的认同感、参与度。

湖州安吉县的孩子，上学第一课就学水土保护，教育部门将《生态文明地方课程》作为有10个课时的必修课……这些贴近百姓的活动，让生态文明理念更加深入人心。

北上长江，南京铁北污水处理厂正在向公众开放。

“这里确实还挺整洁干净”“和想象中不一样……”早上8点半刚过，南京市栖霞区迈皋桥街道奋斗社区的70多名党员群众来到了南京铁北污水处理厂。

南京铁北污水厂办公室的讲解员通过展板介绍了污水处理厂的生产流程及污水处理的基本知识。接下来，大家在厂区内实地参观，来到厂区的生化池、二沉池等场所，一边听讲解一边观察水处理过程。

奋斗社区的张女士说，在进水口和出水口，工作人员各取了一杯1000毫升的水，还拿来自来水进行对比，“原本浑浊的污水经过一系列处理，最终变得如同自来水一样清澈透明，感觉很神奇”。

自环保设施开放工作在全国范围内启动以来，生态环境部、住房和城乡建设部已联合发布三批向公众开放的设施单位名单，设施开放工作稳步推进。

随着第四批名单公布，全国地级及以上城市向公众开放的设施单位达到2101家，越来越多的从前“闲人免进”的环保设施单位变为向市民开放的“城市客厅”。

中共中央、国务院印发的《关于全面加强生态环境保护　坚决打好污染防治攻坚战的意见》中确定的“2020年年底前，地级及以上城市符合条件的环保设施和城市污水垃圾处理设施向社会开放，接受公众参观”任务已全面完成。

沿江向西，湖北武汉市的长江文明馆（武汉自然博物馆）通过“长江之歌　文明之旅”常设主题展览，以“水孕育人类，人类创造文明，文明融于生态”为主线，为“长江大保护”乃至更多的与水相关的生态文明建设尽一份力。

继续西行，四川的孩子们走出了课堂，自然教育在这里开展得有声有色。

在都江堰市，大熊猫国家公园都江堰管护总站依托龙溪—虹口国家级自然保护区瓦子坪宣教中心，设计了11条自然教育“线路”，基本涵盖动植物科普、野外观鸟、自然体验等功能。

开展具有大熊猫特色的自然教育和生态体验活动，有助于促进公众形成珍爱自然、保护大熊猫的意识与行为，推动公民生态道德建设。

2020年，四川省林业和草原局等八部门联合印发《关于推进全民自然教育发展的指导意见》，提出“到2025年，四川幼儿园、中小学自然教育参与度达90%，自然教育市民认知度达到80%”。

在全社会的共同努力下，我国各界生态环保理念明显提升。

在内蒙古大兴安岭林区，57岁的周义哲一直在跟树木打交道。在当了35年伐木工后，他“转身”成为一名护林员，和工友们一起负责森林的健康抚育。从“砍树人”到“看树人”，周义哲的身份转变，也正是中国及其民众生态观念转变的一个缩影。

2020年国家统计局调查结果显示，公众对生态环境的满意度达到了89.5%，比2017年提高了10.7个百分点。

2021年中国社会科学院生态文明研究所课题组的一项调查也有着类似的结论。调查结果显示，公众对生态文明高度认同，关于环境与发展关系的认识发生重大转变，约55%的公众认为保护环境会带来很多新的经济机会，前景会越来越好。

让生态文化成为各界的共同价值理念。

2018年，生态环境部等五部门联合印发《关于开展“美丽中国，我是行动者”主题实践活动的通知》，部署在全国开展为期三年的“美丽中国，我是行动者”主题实践活动。旨在通过三年不懈努力，在全社会牢固树立

“绿水青山就是金山银山”理念，公众生态环境素养显著提升，形成尊重自然、顺应自然、保护自然生态共识。

据不完全统计，截至2020年11月，各地生态环境部门组织开展活动近2万场，线上线下参与约15亿人次，新浪微博“美丽中国，我是行动者”话题阅读量达到8.5亿次，抖音平台相关话题视频播放量达30.8亿次。

为进一步巩固成效，2021年，生态环境部等六部门制定并发布《“美丽中国，我是行动者”提升公民生态文明意识行动计划（2021—2025年）》。

建设生态文明，需要每一个公民提升生态文明意识，践行绿色生活方式。只有每个人都通过自身行为积极维护生态环境，做好践行者、推动者，弘扬生态文明主流价值观，好的生态环境才能持久地惠及每一个人。

第二节 绿色生活方式在全社会蔚然成风

逛街购物，自带环保购物袋；外出就餐，不使用一次性餐具；闲置物品改造再利用或捐赠……

如今，在日常消费中，人们越来越多地践行绿色发展理念，绿色消费逐渐深入人心，成为消费新风尚。

这正是近年来加快推动形成绿色生活方式的成效之一。

所谓绿色生活方式，就是通过倡导居民树立绿色生活理念，使用绿色产品，参与绿色志愿服务，积淀绿色生活文化，使绿色消费、绿色出行、绿色居住、绿色文明成为广大民众的自觉行动，让人们在充分享受绿色发展所带来的便利和舒适的同时，积极履行可持续发展的历史责任，实现广大人民自然、环保、节俭、健康的方式生活。

绿色生活其实很简单。我们可以从点点滴滴的小事做起，在衣、食、住、行、游等方面，践行简约适度的生活方式，让绿色低碳生活成为新时尚：避免餐饮浪费，积极参与垃圾分类，少开车多坐公交，夏天把空调温度调高一些，人走灯灭节约用电；等等。

当“绿色达人”受到赞誉、低碳生活蔚然成风，汇聚而成的绿色潮流，将为减污降碳提供澎湃动力。

一、“光盘行动”，纠治“舌尖上的浪费”

习近平总书记一直高度重视粮食安全，提倡“厉行节约、反对浪费”的社会风尚，多次强调要制止餐饮浪费行为。

早在2013年，习近平总书记就作出重要指示，要求厉行节约、反对浪费。

学习链接

2013年，习近平总书记在新华社一份《网民呼吁遏制餐饮环节“舌尖上的浪费”》的材料上作出批示：

从文章反映的情况看，餐饮环节上的浪费现象触目惊心。广大干部群众对餐饮浪费等各种浪费行为特别是公款浪费行为反映强烈。联想到我国还有为数众多的困难群众，各种浪费现象的严重存在令人十分痛心。浪费之风务必狠刹！要加大宣传引导力度，大力弘扬中华民族勤俭节约的优良传统，大力宣传节约光荣、浪费可耻的思想观念，努力使厉行节俭、反对浪费在全社会蔚然成风。各级党政军机关、事业单位，各人民团体、国有企业，各级领导干部，都要率先垂范，严格执行公务接待制度，严格落实各项节约措施，坚决杜绝公款浪费现象。要采取针对性、可操作性、指导性强的举措，加强监督检查，鼓励节约，整治浪费。

浪费与消费一字之差，含义却大相径庭。

反对餐饮浪费行为，并不是反对正常的、健康的餐饮消费，而是倡导需求正当、取之有度、用之有节的健康餐饮文化，培养科学理性的消费观念，形成健康文明的生活方式，以餐桌文明带动社会整体文明水平的提升。

反对餐饮浪费、厉行勤俭节约，坚决纠治“舌尖上的浪费”“酒桌上的应酬”，发起吃尽盘中餐的“光盘行动”，不仅不会抑制餐饮消费，还会使各种稀缺资源得到优化配置，为满足人民群众日益升级的消费需求留出空间、创造条件，从而让消费动力更强、后劲更足。

为减少浪费，在安徽合肥市，有些酒楼要求服务员尽到提醒责任，主动提供打包服务；为避免整鱼整鸡无人动筷，服务员会在就餐时帮助客人分菜；针对自助餐饮，酒店宣传少拿少取，鼓励食客吃多少拿多少。

上海的一些餐饮企业在团餐、婚宴等就餐人数较多的场合实行“桌长制”。通过确定“桌长”提醒适量点餐、剩菜打包等，提高消费者防止餐饮浪费的自觉性、主动性。

福建龙岩漳平市研发上线了市政府订餐平台“易订易购”App，通过网络平台，按需配餐，精准把握餐量。利用数据分析，摸清大家用餐喜好，在改善口味的同时，最大限度地减少了市政府食堂的餐饮浪费。

2020年，习近平总书记对制止餐饮浪费行为作出重要指示。总书记指出，餐饮浪费现象，触目惊心、令人痛心！“谁知盘中餐，粒粒皆辛苦。”

习近平总书记强调，要加强立法，强化监管，采取有效措施，建立长效机制，坚决制止餐饮浪费行为。随着《中华人民共和国反食品浪费法》《粮食节约行动方案》等发布施行，节约粮食正从道德倡议上升到法律规范。

二、垃圾分类，让资源变废为宝

今天，践行绿色生活、实现垃圾减量、破解“垃圾围城”的城市困局，已经成为全社会的共识。

一段时间以来，北京、上海、广州、深圳等超大城市先后就生活垃圾管理建章立制，通过督促引导，强化全流程分类、严格执法监管，让更多人行动起来。

让“垃圾分类，从我做起”由墙上的标语，变为法律之下的全社会集体行动，需要更加精细化的城市管理、市民的积极配合，同时也需要生活习惯、消费理念乃至相关行业商业模式的改变，从而形成全社会的环保合力。

《上海市生活垃圾管理条例》公布后，很多市民拿出了复习考试的劲头，钻研起各种垃圾分类的问题。这一现象说明：正是在制度的推动下，在垃圾分类的实践过程中，相关理念才能成为人们的生活习惯、文明自觉，进而推动树立绿色风尚的标杆。

曾经招人烦的垃圾，现在竟成了“宝”。

比如，废弃塑料瓶，以前在村里转一圈，时不时就能看见几个。如今瞪大了眼睛也难找出一个。

“不光没人扔，村民还四处去捡。”湖北鄂州梁子湖区万秀村党支部副书记笑言，没几天工夫，过去几十年扔掉的，全都被捡了回来。

很多城市社区都犯愁的垃圾分类，在这里却搞出了名堂。塑料瓶、铜铁料、干电池、废纸箱……村民平时积攒，每周六下午集中送到村部，按类别计分，再凭积分兑换日用品。

2017年，国务院办公厅关于转发国家发展改革委与原住房城乡建设部《生活垃圾分类制度实施方案的通知》，强调创新体制机制，鼓励通过建立居民“绿色账户”“环保档案”等方式，对正确分类投放垃圾的居民给予可兑换积分奖励。

美好生活是什么样？

贵州铜仁江口县太平镇快场村村民回答：“希望房前屋后没垃圾，不然一到夏天就臭烘烘。”

农村垃圾处理，需要用巧劲。2018年，快场村得到县财政4万元的支持，在全县开了第一家“垃圾兑换超市”，1个积分1毛钱，用垃圾换积分，用积分兑商品。

截至2021年8月，“垃圾兑换超市”已在全县20个村区推广建立。从

"一路走一路丢"到"一路走一路捡"，从乱扔乱堆到懂得分类，在垃圾被兑换成绿色积分的同时，生态保护意识也在人们的心中不断提升。

垃圾分类看似小事，却需要所有人的付出，也将改变几代人的生活方式。干净、整洁的环境背后，是城市的精细化管理和成熟的环保理念。只有人人行动起来，转变生活习惯和消费方式，才能让环保意识成为生活中那条细细的红线，推动绿色生活方式更加深入人心。

三、绿色出行，你我共行

"'骑时'快乐很简单。"

9月22日是世界无车日。2020年的当天，"牵手文明绿色同行"主题骑行活动在北京中关村软件园软件广场起航，100余人参加了文明骑行打卡活动。

"骑着自行车，穿梭在北京城的大街小巷，是种难得的体验。"参与此次文明骑行活动的北京市民王女士说，以后上下班会更多地选择骑行，为绿色出行助力。

近年来，北京市持续开展慢行系统综合整治，累计优化自行车道2836千米；整改影响自行车道的停车位，目前已完成23条道路、2094个不合格车位整改。

来一次5G概念公交车体验之旅。

9月21日，在山东省暨济南市2020年公交出行宣传周启动仪式上，一辆5G概念公交车开到现场，吸引众多市民参与体验。这款公交车运用了人脸识别无感支付系统，乘客可直接"刷脸"快速完成登乘。

据介绍，济南公交不断创新探索，以"369出行"App为智能入口，打造一体化公共出行服务平台，逐步推动对城市交通不同层级出行方式的平台、信息及数据整合，提供更加智慧、便捷、绿色公共出行服务。

私人定制公交值得拥有。

“车内环境整洁舒适，座位宽敞，而且很便宜，通过‘海口公交集团’微信公众号可享受0.1元网络订购定制公交车票。”一位海口市民称赞道，乘坐定制公交比开车更方便，“考虑到环保需要，以后会减少开车次数，多坐公交”。

为了进一步倡导绿色出行，海南海口市日前集中投放运营290辆新能源公交车。截至2020年9月，除部分柴油车作为应对台风暴雨等恶劣天气应急保障运力外，海口公交新能源与清洁能源占比已达100%。

交通运输行业是推动绿色发展，实现碳达峰、碳中和的关键领域。近年来，我国交通运输行业积极推进绿色低碳转型，大力调整运输结构，推广新能源交通工具的使用，绿色出行环境持续改善，绿色出行氛围更加浓厚，绿色出行习惯逐步形成。

四、低碳生活，引领社会新风尚

在手机点餐时，下意识选择不配送餐具；在睡前查看微信步数时，把步数捐赠给公益项目……这些看似并不关联的行为，背后其实有着共通的逻辑——节能减排，低碳生活。

广东深圳盐田区构建了生态文明“碳币”体系，每年投入1000万元专项资金，以“碳币”形式，对个人、家庭、社区、学校和企业的生态文明行为进行激励，引导全社会增强生态意识、践行绿色生产、享受低碳生活。

只要关注公众号、绑定身份信息，通过骑行公共自行车、垃圾分类、节约水电、每日步行、发起生态活动等方式，都可以“赚”到碳币。碳币可以兑换电话费、电影票、打折券等礼品。

截至2018年2月，盐田区生态文明碳币服务平台总注册人数达13.5万，超过辖区人口半数；共在平台发起生态文明活动825场，发放碳币约7598万，其中约有2854万碳币用于兑换礼品。

“合理设定空调温度，夏季不低于26度，冬季不高于20度，及时关闭电器电源，多走楼梯少乘电梯，人走关灯，一水多用，节约用纸，按需点餐不浪费。”

这是2018年，生态环境部等五部门联合印发《公民生态环境行为规范（试行）》第二条“节约能源资源”，旨在倡导绿色低碳生活。

在江西，抚州市打造了“绿宝”碳普惠公共服务平台，“绿宝”平台包含绿色出行、低碳生活、社会公益3个大项10余个低碳应用场景，注册市民的低碳生活行为数据会被记录，并给予相应的“碳币”奖励。碳币可以在联盟商家兑换系列产品或享受各类优惠活动。

截至2021年6月，平台实名认证用户达37.4万，联盟商家达480余家，累计碳币积蓄量2800万余个，减少碳排放量4860吨。

早在2015年，原环境保护部就印发《关于加快推动生活方式绿色化的实施意见》，积极倡导绿色、低碳生活方式。

2021年，《关于持续深化精神文明教育　大力倡导文明健康绿色环保生活方式的通知》，进一步强调着力推动生活方式向绿色化、低碳化转变。

争做绿色生活有心人。

践行绿色生活方式，人人都是主角。

走楼梯上下一层楼能减排约0.218千克；

少开空调1小时减排约0.621千克；

少用10双一次性筷子，减排约0.2千克；

少用一度电减排约0.785千克；

回收一吨废纸可以少砍17棵大树……

绿色生活从来都不是抽象的概念，而是具体的行动：“光盘行动”、垃圾分类、绿色出行、低碳生活等。

对于个人而言，绿色生活折射出我们作为现代人的一种文明素质，提升我们的生活品位与志趣。

对于社会而言，绿色生活照鉴着现代社会的一种文明品质，意味着社会成员懂得自我规约、懂得尊重公共空间、懂得人与自然的和谐，共同标注着我们社会的文明水位。

经过这些年的引导，奢侈浪费的生活方式和消费模式已不为主流所崇尚，许多人尝到了绿色化生活的甜头。

当然，生活还可以更“绿”。只要形成人人、事事、时时崇尚生态文明的社会新风尚，生活方式绿色化就能春风化雨、润物无声。

第三节 人人都是生态环境的保护者与建设者

“绿水青山就是金山银山”的生态文明理念已深入人心，但破坏生态的行为仍时有发生——大到沙漠防护林被毁，小到大货车带泥上路等。这说明，要让生态文明成为身边的文明，仍需要你我共同努力。

注重激发群众有序参与的力量，形成美丽中国全民行动的格局，是党的十八大以来推进生态文明建设的一个鲜明特色。

保护生态环境，有你有我。生态文明建设，迫切需要更多“行动派”积极参战。

一、绿色生活创建成效显著

2019年，国家发展改革委印发《绿色生活创建行动总体方案》，明确从节约型机关、绿色家庭、绿色学校、绿色社区、绿色出行、绿色商场、绿色建筑等方面开展创建行动。

走进浙江杭州市市民中心，“简约适度　绿色办公”“垃圾可变宝　节约又环保”等标语映入眼帘，办公区各楼层严格垃圾分类，各类型垃圾桶一字排开。

“我们楼顶有4460块光伏面板，每年发电100多万千瓦时；安装了智能化控制系统，空调、电灯等4000余台设备全部实现远程设定开停机与巡更、错峰控制，大大节约了能耗。”杭州市机关事务管理局有关负责人表示。

这是全国大力推进节约型机关创建的一个缩影。截至2022年2月，80家中央国家机关本级全部建成节约型机关，全国6.4万家县级及以上党政机关建成节约型机关。

除了机关，绿色生活也走进了家庭。

“24小时有热水用，省电又环保。”在黑龙江大兴安岭松岭区劲松镇，杨雨茁夫妇使用太阳能热水器的事，迅速吸引了镇上邻居们的注意。如今，在夫妻俩的带领下，周围不少人用上了太阳能热水器，加入节约能源的队伍。

绿色环保代代传承。

杨雨茁夫妇的女儿杨珊今年25岁，在上海当护士。“从小家里就用淘米水浇花，洗衣服的水留着擦地、冲洗卫生间。虽然如今我们一家三口不在一起生活，但会经常互相督促提醒。前几天父亲还打来电话，告诉我要严格遵守‘限塑令’，去超市购物一定记得带着环保布袋。”杨珊说，节能环保一直是全家人的共识。

“绿水青山就是金山银山。守护绿色，从点滴做起。如果每个人都时刻把环保意识放在心上、付诸行动，我们的生态环境一定会越来越好。我会继续坚持，做更多有意义的事。”杨雨茁一家用实际行动，带动身边人，共同践行绿色生活，建设美丽家园。

绿色低碳生活要从娃娃抓起。

“为什么开展节约环保教育？因为这不仅是我们中国人的美德，也是时代的要求。我们也希望无论在学校，在家庭还是将来立足社会，他们一生都有这样的理念和习惯，而且能够影响和带动身边的人。”北京第一师范学校附属小学校长的期许，正通过一个个活动方案实现。

一方面，小学阶段，学校、教师权威性高、约束力强，在学校，各项要求容易落实。可家校如果不能良好互动，有些好习惯到家就可能被抛到脑后。另一方面，小手牵大手，孩子也是带动家庭、社区形成绿色生活方式的好帮手。

“十四五”规划纲要明确提出“广泛形成绿色生产生活方式”，这是对未来的期许，也是对每个社会细胞的要求。

这所小学节约教育的样本，可以为更多学校提供借鉴，未来一定会有更多“祖国的花朵”成为绿色生活方式的积极践行者。

购物环境“绿”起来。

“绿色商场，应该就是商场卫生有保障、商品来源有明确渠道及不使用塑料购物袋的商场吧。”“我觉得绿色商场应该是在节能及绿色消费方面做得比较好的一些商场。”虽然大部分消费者对于什么是绿色商场没有完整的概念，但基本都能抓住绿色商场的核心——绿色、节能、环保。

商务部有关负责人介绍，绿色商场是一批集节能低碳改造、绿色产品销售、废弃物回收于一体的商贸零售企业。2018年全国共创建了72家绿色商场，2020年全国绿色商场数量增加至144家，创建工作广度、深度进一步拓展，社会影响力进一步提高。

北京市西城区的长安商场是绿色商场之一，家住附近的刘女士经常在下班之后来这家商场逛逛。谈及对绿色商场的看法，刘女士首先就想到了购物袋：“这家商场提倡使用五块钱一个的环保购物袋，和塑料购物袋相比更环保，而且还能循环使用。”

在江苏，通过政企联动，在绿色商场创建活动中协调推进厕所革命、垃圾分类等举措，将创建绿色商场与服务民生工程紧密结合；

在河北，邢台市天一广场则在不同楼宇之间的连廊上布置了大量绿植，既起到了净化空气的作用，又能给消费者创造一个更加优美、舒适的购物环境；

在广西，南宁华润万象城在商场主要出入口、场内公区中庭、电梯厅、卫生间、物业办公区等用水用电区域都布置了节能环保标识，宣传绿色消费和绿色生活的理念；

…………

二、从“要我环保”到“我要环保”

从“盼温饱”到“盼环保”，从“求生存”到“求生态”。随着公众生态环境保护意识的提升，越来越多的普通人参与“我要环保”的相关活动。

捡拾垃圾、巡河护林、环境公益诉讼、保护生物多样性……近年来，全国开展了丰富多样的生态环境志愿服务实践，在生态环保工作的各个领域都能看到志愿者的身影。

中国志愿服务研究中心调研组开展的调查显示，生态环境志愿服务已经成为公众志愿服务意愿的第二位选择，而且有39.33%的群众曾经参与过生态环境志愿服务。这说明，生态环境志愿服务在老百姓生活当中已经变得触手可及。

“我们社团的活动挺丰富的，除了社区垃圾分类小课堂、快递盒回收等日常环保活动，还定期举办暑假大型科考活动。”北京林业大学山诺会成立于1994年，现任会长说起社团的志愿活动一脸自豪。

2019年暑假，社团组织了实践科考队，分别奔赴青海三江源、云南的自然保护区及周边少数民族村落，以及到湖北与贵州开展相关科研项目，助力生态环境保护。

不仅在深山，志愿者的身影也出现在海边。

“新区海域的珊瑚礁生态系统逐步恢复，附近村民尤其是年轻人，都主动来当志愿者。”全国首个珊瑚保育志愿者组织“潜爱大鹏”秘书长介绍说，他从2012年起全职投入珊瑚保育工作，“为保证种下的珊瑚苗经得起海浪冲击，光种植方法、保护装置就经历多轮摸索”。

由广东深圳大鹏新区管委会发起成立的“潜爱大鹏”，拥有来自13个国家和地区的千余名在册义工，他们已累计种植、救助珊瑚约1万株，打捞海底垃圾1200余千克、渔网1500多米。

此外，大鹏新区从全国范围引入科研力量，配套设立海洋科普教育的“潜爱课堂”，成立海洋教育研究机构，全链条、系统性推进珊瑚礁保护区建设。

据中国志愿服务网统计，截至2021年8月，全国生态环境保护类志愿服务项目超过107万个，占志愿服务项目总数的近20%。

民之所望，施政所向。

2021年世界环境日前夕，生态环境部和中央文明办联合发布《关于推动生态环境志愿服务发展的指导意见》，明确提出，引导扩大公众参与，形成人人关心、支持、参与生态环境保护的社会氛围，实现从“要我环保”到“我要环保”的重要转变。

三、健全参与机制，共绘美丽中国

引导公众积极参与，是打好污染防治攻坚战的题中应有之义。当环境违法违规行为举报、民间河长等公众参与举措取得良好效果时，美丽中国便与我们渐行渐近。

2016年7月，全国人大常委会组织了对新环保法的执法检查。检查发现，公众参与环境监管，已经成为政府环境监管的重要补充和支持力量。

学习金句

生态文明是人民群众共同参与共同建设共同享有的事业，每个人都是生态环境的保护者、建设者、受益者，没有哪个人是旁观者、局外人、批评家，谁也不能只说不做，置身事外。

——2018年5月，习近平总书记在全国生态环境保护大会上的讲话走进内蒙古包头市环境监察支队环境监管调度指挥中心大厅，12部12369热线电话铃声此起彼伏，监控大屏幕上“24小时举报”内容不断刷新。

有举报、必受理，事事有着落、件件有回音，群众的环境权益得到维护，环境质量改善稳中有进、稳定向好的成果得到巩固。

“我们要从群众中来、到群众中去，借民力、解民忧，打一场防污治污的‘人民战争’，使全市人民的生态环境获得感、幸福感、安全感更加充实、更有保障、更可持续。”包头市环保局负责人说。

不仅对群众的生态环境保护诉求有呼必应，部分地方还采取奖励措施积极推动公众参与。

一位热心市民通过北京市生态环境局有奖举报平台，反映通州区潞城镇某村内一无名作坊排放废水。经生态环境部门现场调查核实后，涉案人员被公安部门依法行政拘留，这位市民获得5万元奖励。

中共中央、国务院《关于全面加强生态环境保护　坚决打好污染防治攻坚战的意见》明确提出：“完善公众监督、举报反馈机制，保护举报人的合法权益，鼓励设立有奖举报基金。”

真金白银的奖励，体现了政府部门鼓励公众踊跃参与共建美丽中国的真心实意。参与生态环境保护的群众越来越多，对污染环境、破坏生态者形成了有力威慑，对首都生态环境改善发挥了积极作用。

一路向南，与北京相距1000多千米的湖南，有这样一群“民间河长”。

提起河长，很多人会首先想到担任河长的各级党政领导干部。在湖南，还有一批来自社会各界的民间河长，他们参与河湖巡查、环保宣传、环境治理，一些地方也称为“百姓河长”“河长助手”。

2016年11月，中办、国办印发《关于全面推行河长制的意见》，明确要求“拓展公众参与渠道，营造全社会共同关心和保护河湖的良好氛围”。

为推动河长制从全面建立到全面见效，2018年10月，水利部出台《关于推动河长制从“有名”到“有实”的实施意见》，提出健全公众参与机制，加强对民间河长的引导，发挥民间河长在宣传治河政策、收集反映民意、监督河长履职、搭建沟通桥梁等方面的积极作用。

近年来，湖南在建立省、市、县、乡、村五级河长的基础上，吸纳公众参与，发挥民间河长在信息收集、观念引导、多元监督等方面的作用，助力河湖管护。至2020年，全省已选聘民间河长1.57万人。

多方聚力，共建美丽中国。

浙江宁波市从2017年底开始，大力开展“生态环境议事厅”活动。环评费用高、耗时长的问题怎样解决？挥发性有机污染物的治理怎样加强？怎样助力地处饮用水水源地的村庄实现可持续发展？……一个个让人挠头的生态环保难题，被摆在桌面上、晒到阳光下，各方一起想方设法破解。

近年来，随着“绿水青山就是金山银山”深入人心，政府、企业、公众共治的格局正在形成。

各地区各部门主动扛起生态文明建设的政治责任，“生态”“环保”成为大会小会的热门议题。

越来越多的企业认识到环保红线决不能逾越，加大投入，提标改造。

越来越多的公众开始在意自己留下的“生态足迹”，踊跃参与绿色出行、垃圾分类、光盘行动、义务植树，节约低碳、文明健康的生活方式和消费方式新风扑面。

14亿人民是绿色发展的受益者，更是生态文明的建设者。政府、企业、个人自觉践行绿色发展理念，使生态文明建设成为人人有责、共建共享的工程。上下同心、干群同力，以自上而下的制度设计和自下而上的全民行动，汇聚出最强大的“绿色合力”。

第七章

文明智慧之美

——习近平生态文明思想光耀世界，中国成为全球生态文明建设的参与者、贡献者、引领者

- 中国理念，启迪文明未来
- 万类霜天竞自由，携手保护生物多样性
- 积极应对气候变化，保护我们共同的家园
- “绿色丝带”连山海

第一节　中国理念，启迪文明未来

2021年2月18日，肯尼亚内罗毕，联合国环境规划署发布了一份名为《与自然和平相处》的报告：

全球尚有13亿人处于贫困状态，而全球自然资源的开采量却增加两倍，已达到破坏性水平；

尽管新冠肺炎疫情期间全球温室气体排放量出现短暂的下降，但地球仍然朝着全球变暖至少3摄氏度的方向发展；

全球800万动植物物种中，预计有超过100万物种濒临灭绝；

由污染引发的疾病每年导致900万人过早死亡；

…………

这份报告直指当前地球面临着气候变化、生物多样性遭破坏和污染问题三大环境危机，人类必须改变与自然的关系。

生态环境，攸关人类存续；生态文明，攸关人类发展。如何应对全球性环境挑战、如何共建绿色宜居的地球家园、如何开辟可持续发展的阳光大道，成为摆上“世界桌”的紧迫课题。

一、世纪之问，中国之答——构建人类命运共同体

从北极星的方向凝视地球，它被两根橄榄枝紧紧环抱，五大洲镶嵌于5个同心圆，代表八方的8条直线交会于一个中心点……

联合国徽章，昭示希望。镶嵌着它的大理石讲坛，是凝聚全球共识的重要场所。

2015年9月，习近平主席站在这一讲坛上，向世界清晰擘画了打造人类命运共同体的总布局、总路径，为“世界怎么了，我们怎么办”的世纪之问作出解答。

2017年1月，联合国日内瓦总部，习近平主席进一步系统阐释了人类命运共同体理念，如同一股暖流，在冰封雪飘的阿尔卑斯山掀起热潮。

此后，构建人类命运共同体理念载入联合国多份不同层面决议，成为国际社会的普遍共识。

人类命运共同体，顾名思义，就是世界上每个民族、每个国家的前途命运都紧紧联系在一起，应该风雨同舟，荣辱与共，努力把我们生于斯、长于斯的这个星球建成一个和睦的大家庭，把世界各国人民对美好生活的向往变成现实。

放眼全球，人类的未来正面临艰难的调试关口：地球生态环境不断恶化，工业文明面临困境、文明形态面临转型，挑战前所未有的严峻……

国际社会的应对却明显碎片化：一些有能力推动变革的发达国家，无意放弃工业文明阶段长期积累的优势地位，试图坐享“超额红利”；多数没有赶上工业化红利的发展中国家，却面临着如何统筹发展与保护的难题，导致全球的生态文明建设缺乏总体战略和统一架构……

习近平主席则立场鲜明地指出：“世界上的问题错综复杂，解决问题的出路是维护和践行多边主义，推动构建人类命运共同体。”

“人类命运共同体理念深刻阐释了联合国和平与安全、合作与发展的宗旨原则”；

“中方提出构建人类命运共同体倡议，为世界应对危机提供了中国智慧”；

“构建人类命运共同体，让各国实现具有强大韧性和包容性的互利合作”；

…………

“人类命运共同体是一份‘独特的中国礼物’。”国际社会纷纷对这一理念给出高度赞赏。

一场突如其来的世纪疫情，更是让人们日益认识到构建人类命运共同体的重大意义。

“这场疫情启示我们，我们生活在一个互联互通、休戚与共的地球村里。各国紧密相连，人类命运与共。”习近平主席的话深中肯綮。

大道不孤，天下一家。人类命运共同体理念，用共同利益、共同挑战、共同责任把各国前途命运联系起来，成为引领时代潮流和人类前进方向的鲜明旗帜。

二、万物和谐，文明之基——构建人与自然生命共同体

“面对全球环境治理前所未有的困难，国际社会要以前所未有的雄心和行动，勇于担当，勠力同心，共同构建人与自然生命共同体。”

2021年4月22日，习近平主席在“领导人气候峰会”上发表重要讲话，同各国领导人共商应对全球环境治理挑战之策，共谋人与自然和谐共生之道。

坚持人与自然和谐共生，推动形成人与自然和谐共生新格局；

坚持绿色发展，让良好生态环境成为全球经济社会可持续发展的支撑；

坚持系统治理，增强生态系统循环能力、维护生态平衡的目标；

坚持以人为本，增加各国人民获得感、幸福感、安全感；

坚持多边主义，以国际法为基础、以公平正义为要旨、以有效行动为导向，维护以联合国为核心的国际体系；

坚持共同但有区别的责任原则；

…………

构建人与自然生命共同体理念，为纾解全球环境治理之困提供了中国方案。

坦桑尼亚《卫报》国际版主编本杰明·麦格纳表示：“‘六个坚持’体现了中国领导人对人类应对气候变化和实现可持续发展的远见卓识和庄严承诺。这些承诺有着详细的目标和计划，令人信服。”

构建人与自然生命共同体，科学理念是实践指引。

只有摒弃损害甚至破坏生态环境的发展模式，让良好生态环境成为全球经济社会可持续发展的支撑，才能不负各国人民对美好生活的向往、对优良环境的期待、对子孙后代的责任，才能实现经济发展和环境保护的双赢。

人类需要一场自我革命，不能忽视大自然一次又一次的警告，沿着只讲索取不讲投入、只讲发展不讲保护、只讲利用不讲修复的老路走下去。

我们要站在对人类文明负责的高度，以自然之道，养万物之生，从保护自然中寻找发展机遇，探索人与自然和谐共生之路，促进经济发展与生态保护协调统一。

三、共同梦想，新的征程——共建地球生命共同体

世界没有停止过对“共同体”的召唤，“共同体”理念在越来越多的人类事业中落地生根、开花结果……

2021年10月12日，在《生物多样性公约》第十五次缔约方大会领导人峰会上，习近平主席提出了“共同构建地球生命共同体，共同建设清洁美丽的世界”的倡议。

从联合国生物多样性峰会到《生物多样性公约》第十五次缔约方大会领导人峰会，从“共建万物和谐的美丽家园”到“共建地球生命共同体”，习近平主席站在推动人类永续发展的高度，为未来全球生物多样性保护设

定目标、明确路径，为保护人类共同的地球家园贡献智慧。

学习金句

我们要深怀对自然的敬畏之心，尊重自然、顺应自然、保护自然，构建人与自然和谐共生的地球家园。

我们要加快形成绿色发展方式，促进经济发展和环境保护双赢，构建经济与环境协同共进的地球家园。

我们要加强团结、共克时艰，让发展成果、良好生态更多更公平惠及各国人民，构建世界各国共同发展的地球家园。

——习近平主席在《生物多样性公约》第十五次缔约方大会领导人峰会上的主旨讲话

以自然之道，养万物之生。面对极端天气、物种灭绝、新型疾病对全球发展造成的全面冲击，三个“我们要”成为世界构建和谐绿色家园的新理念、新思路。

积力之所举，则无不胜也；众智之所为，则无不成也。共建地球生命共同体是人类的共同梦想，更是全人类的共同使命。

“为了我们共同的未来，我们要携手同行，开启人类高质量发展新征程。”习近平主席的讲话铿锵有力，为共建地球生命共同体明确了新起点、新方向。

四、共谋全球生态文明建设，共建清洁美丽世界

让人人享有安宁祥和，让发展成果惠及各国，让各种文明和谐共存，这是人类普遍的愿望。

让万物和谐共生，让世界美美与同，天下大同，这是人类共同的梦想。

中国向世界描绘的“共同体”蓝图，闪耀着习近平生态文明思想的理论光芒，更让世界读懂了美丽中国的“绿色密码”。

在一场场重大多边场合上，习近平主席以全球视野、世界胸怀、大国担当，提出了一个个团结合作、共克时艰的中国理念、中国方案，不断丰富着“共同体”的理念内涵和实践路径。

以鲜明的主张、务实的行动回应着时代之变、世界之变，勾勒出共建美好世界的中国愿景，彰显出应对变局、开创新局的中国力量。

中国成为全球生态文明建设的重要参与者、贡献者、引领者，创造了人类文明新形态，为全球生态文明建设注入了“原动力”。

凡益之道，与时偕行。从“人类命运共同体”到“人与自然生命共同体”，再到“地球生命共同体”，中国理念正激荡起越来越广泛的世界共鸣。

天文学家卡尔·萨根曾说：地球，宇宙中的这一“暗淡蓝点”，就是“我们的家，我们的一切”。全球生态环境保护任重道远，但只要心往一处想、劲往一处使，同舟共济、守望相助，人类定能守护好这颗蓝色星球，为子孙后代留下一个清洁美丽的世界。

第二节 万类霜天竞自由，携手保护生物多样性

“看万山红遍，层林尽染。漫江碧透，百舸争流。鹰击长空，鱼翔浅底，万类霜天竞自由。”

这是《沁园春·长沙》中描绘的万物在大自然自由自在生活的美丽画卷。

然而，今天的人类正面临生物多样性丧失和生态系统退化等多重挑战。根据联合国发布的相关报告，人类已经改变了地球75%的陆地表面，100万物种濒临灭绝；生态系统提供的储水和碳汇功能、传播种子以及授粉等服务正在崩溃。

“我们正在破坏支撑我们社会的生态系统。”联合国秘书长古特雷斯说。

世界对生物多样性治理“变革性转变”的呼吁越发迫切！

2021年，联合国《生物多样性公约》第十五次缔约方大会（COP15）第一阶段会议在中国美丽的春城——昆明举行，这是联合国首次以生态文明为主题召开的全球性会议。

作为联合国生态环境领域的一次重要会议，未来10年全球生物多样性治理的蓝图将从这里走向世界。

中国，将引领全球生物多样性治理踏上新的征程。

一、春城之约，源起里约

1992年6月，一场讨论地球未来命运的会议——联合国环境与发展大会在巴西里约热内卢召开。大会通过了“里约三公约”，其中就包括《生物多样性公约》。

中国是最早签署这个公约的国家之一。

作为《生物多样性公约》及其有关议定书的重要参与者与推动者，中国在国际上率先成立生物多样性保护国家委员会，统筹全国生物多样性保护工作，发布和实施《中国生物多样性保护战略与行动计划（2011—2030年）》和《联合国生物多样性十年中国行动方案》。

近年来，中国将生物多样性保护作为生态文明建设的重要内容和推动高质量发展的重要抓手。从推进生态保护与修复到实施生物多样性保护重大工程，从划定全国生态保护红线到建立国家公园体制，中国先后出台40多项文件，积极推进全球“2011—2020生物多样性战略计划”和联合国《生物多样性公约》“爱知目标”中国实践，取得显著成效。

在20个“爱知目标”中，中国有3个目标进展超越预期，13个目标取得关键性进展，4个目标取得阶段性成绩，执行总体情况好于全球平均水平。

2019年以来，中国成为《生物多样性公约》及其议定书核心预算的最大捐助国，有力支持了全球生物多样性保护，并持续加大对全球环境基金捐资力度，已成为全球环境基金最大的发展中国家捐资国。

除此以外，中国还积极参与各类相关的国际公约和项目，包括《世界遗产公约》《人与生物圈计划》《拉姆萨尔公约》《气候变化公约》《防治荒漠化公约》《濒危野生动植物种国际贸易公约》《迁徙物种公约》……

《自然》杂志认为，中国在全球生物多样性治理中发挥着关键作用，中国科学家有值得全世界倾听的宝贵经验。

2021年10月12日，在COP15领导人峰会上，习近平主席宣布：

“中国将率先出资15亿元人民币，成立昆明生物多样性基金，支持发展中国家生物多样性保护事业。”

“中国正式设立三江源、大熊猫、东北虎豹、海南热带雨林、武夷山等第一批国家公园，保护面积达23万平方公里，涵盖近30%的陆域国家重点保护野生动植物种类。”

“同时，本着统筹就地保护与迁地保护相结合的原则，启动北京、广州等国家植物园体系建设。”

…………

而后召开的COP15第一阶段高级别会议正式通过“昆明宣言”。

该宣言最初由中方提出，是此次大会的主要成果之一，体现了各国共同采取行动，遏制和扭转生物多样性丧失趋势的强烈意愿。

多家外媒在报道中指出，COP15大会为全球生物多样性治理擘画蓝图，中国在全球生物多样性治理中发挥重要作用，为全球可持续发展贡献中国智慧和中国方案。

二、走出一条中国特色生物多样性保护之路

“生物多样性使地球充满生机，也是人类生存和发展的基础。保护生物多样性有助于维护地球家园，促进人类可持续发展。”习近平主席在COP15领导人峰会上强调。

中国，是世界上生物多样性最丰富的国家之一。

天然厚礼，欣然护之。

党的十八大以来，在习近平生态文明思想指引下，我国不断推进自然保护地体系建设，加强野生动植物及栖息地保护和修复，取得了显著成绩：

截至2020年7月，中国已有41处世界地质公园，总数稳居世界首位；

截至2021年11月，中国34家自然保护地被列为世界生物圈保护区；

“划定生态保护红线，减缓和适应气候变化”行动倡议，入选联合国“基于自然的解决方案”全球精品案例。

联合国教科文组织驻华代表处主任夏泽翰表示：“中国推行的自然保护地体系是世界地质公园保护的有效措施。”

受益于空前的生态保护和执法力度，中国85%的重点野生动植物种群得到有效妥善保护，部分珍稀濒危物种野外种群也在逐步恢复，生物遗传资源收集保藏量位居世界前列。

被称为保护野生种质资源的“诺亚方舟”——中国西南野生生物种质资源库，已保存植物种子万余种，在国际生物多样性保护行动中占据举足轻重的地位。

生物多样性保护，不仅需要保护野生动植物，同样也需要保护健康稳定的生态系统。

盈盈绿波，赤峰红土，奇山秀水，生意盎然。

从昔日的风沙漫天到今日的风景如画，黄土高原上的“陕西绿”正在由浅向深。

经持续实施重大生态工程、大规模推进国土绿化，新中国成立以来，陕西全省森林面积增加了1亿亩以上，森林覆盖率提高到47.73%，秃山荒岭换了绿貌新颜。

在塞罕坝林场，三代建设者在高原上接力创造出世界最大面积的人工林，被联合国环境规划署授予环保最高荣誉“地球卫士奖”；

在中国四大沙地之一毛乌素沙漠，经几代人治理终于实现止沙生绿，被联合国官员盛赞“值得世界所有国家向中国致敬”；

在曾被称为“死亡之海”的库布齐沙漠，经过近30年艰辛治理，终于实现“绿进沙退”的历史性转变，被联合国确定为“全球沙漠生态经济示范区”；

创造吉尼斯纪录的三北防护林工程，一座中国北方构筑起的“绿色长城”被联合国环境规划署确立为全球沙漠“生态经济示范区”；

…………

从风沙肆虐、童山秃岭，到人进沙退、青山绿水。

中国在国际舞台上不断书写着一个个令人惊叹的“绿色传奇”。

在全球森林资源总体减少的大背景下，中国森林面积和蓄积量连续30多年保持“双增长”。卫星图像显示，全球从2000年到2017年新增的绿化面积中约1/4来自中国，贡献比例居世界首位。

多国专家学者高度赞誉了中国行动，并认为中国绿色实践为各国建设人与自然和谐共生的美丽家园提供了范例。联合国《生物多样性公约》秘书处执行秘书伊丽莎白·穆雷玛评价说：“中国在过去数十年里开展的工作是我们变革模式的代表。”

学习链接

什么是“生物多样性”？

“生物多样性”是指“所有来源的活的生物体中的变异性，这些来源包括陆地、海洋和其他水生生态系统及其所构成的生态综合体；这包括物种内、物种之间和生态系统的多样性”。

生物多样性具体包含三个层次：遗传（基因）多样性、物种多样性和生态系统多样性。其中，遗传（基因）多样性是指生物体内决定性状的遗传因子及其组合的多样性。物种多样性是生物多样性在物种上的表现形式，也是生物多样性的关键，既体现了生物之间及环境之间的复杂关系，又体现了生物资源的丰富性。生态系统多样性则是指生物圈内生境、生物群落和生态过程的多样性。

一长串绿色发展“成绩单”，见证了中国在生物多样性保护道路上的奋进步伐，展现了“天人合一、道法自然”的中国智慧、中国方案，走出了一条中国特色生物多样性保护之路，为全球生态治理和可持续发展提供重要借鉴、作出重要贡献。

三、汇聚保护生物多样性的国际合力

“如意”和“丁丁”，是中方向俄方提供的一对大熊猫，以便加强中俄双方在大熊猫保护、繁育等方面的合作研究，不断提高两国濒危物种和生物多样性保护水平。

近年来，中国推动生物多样性保护国际合作卓有成效。与俄罗斯、日本等国展开候鸟保护长期合作，同俄罗斯、蒙古、老挝、越南等国合作建立跨境自然保护地和生态廊道。

当前，中俄跨境自然保护区内物种数量持续增长，野生东北虎开始在中俄保护地间自由迁移；中老跨境生物多样性联合保护区面积达20万公顷，有效保护亚洲象等珍稀濒危物种及其栖息地。

中国还持续深化生物多样性保护“南南合作”。

建立澜沧江—湄公河环境合作中心，围绕生态系统管理、生物多样性保护等议题定期进行交流；

建立中国—东盟环境保护合作中心，在生物多样性保护、廊道规划和管理以及社区生计改善等方面取得丰硕成果；

建立中国科学院东南亚生物多样性研究中心、中非环境合作中心，促进环境技术合作，共享绿色发展机遇。

在“南南合作”框架下，中国积极为其他发展中国家保护生物多样性提供支持，全球已有80多个国家受益。

世界自然基金会俄罗斯分会负责人表示：“中国支持发展中国家生物多样性保护事业，为全世界树立了榜样。”

四、开启人与自然新未来

生物多样性与人类福祉紧密相连。

从推动中国走“高质量发展”之路，到“开启人类高质量发展新征程”，习近平主席向全球生物多样性治理贡献出了新思路。

从“共建万物和谐的美丽家园”到“共建地球生命共同体”，习近平主席为保护人类共同的地球家园贡献智慧。

我见青山多妩媚，料青山见我应如是。

面对全球性生态危机，中国将秉持敬畏自然、尊重自然、顺应自然、保护自然的理念，继续坚持走可持续发展之路，保持和增强建设生态文明的定力，加大生物多样性保护力度，提升自然生态系统质量和稳定性。

中国愿与国际社会一道，携手共建人与自然和谐共生、经济与环境协同共进、世界各国共同发展的地球家园，为全球生物多样性保护贡献中国智慧和力量。

第三节 积极应对气候变化，保护我们共同的家园

"这天儿真暖和！"2021年2月21日，北京南郊观象台最高气温攀升到25.6摄氏度。在暖阳下，一些人脱下厚厚的冬装，穿起了短袖。

然而一个多月前，我国中东部大部地区却遭遇强寒潮影响，北京等地最低气温达到甚至突破气象观测站建站以来最低纪录。

为何会形成如此大的反差？

"根本原因是全球变暖加剧了气候系统的不稳定性。"专家分析表示。

世界气象组织（WMO）报告显示，2020年全球平均温度较工业化前水平高出约1.2摄氏度，2011年至2020年是有记录以来最暖的10年。另据国务院新闻办公室《中国应对气候变化的政策与行动》白皮书披露，1970年以来的50年是过去2000年以来最暖的50年。

气候变化问题日趋严峻。

WMO报告显示，过去50年，全球范围内与天气、气候和水患相关的灾害事件数量增长了5倍，所报告的经济损失增加了7倍，严重影响经济社会可持续发展与人民福祉和安康。

应对气候变化刻不容缓！

一、引领全球气候治理新格局

地球是人类赖以生存的唯一家园，人类面临的全球性问题，靠任何一国单打独斗都无法解决。

为联合应对全球气候变化，1992年，《联合国气候变化框架公约》在巴西里约热内卢达成。

中国是该公约首批缔约国。

中国所提交的公约草案提案——《关于气候变化的国际公约条款草案》成为重要谈判文件。

2015年，具有里程碑意义的《巴黎协定》在巴黎大会通过。

“这是第一个被世界普遍接受的应对气候变化的工具。”法国前外长、时任联合国气候变化巴黎大会主席法比尤斯说。

在习近平主席的亲自参与和直接推动下，中国积极开展元首气候外交，以负责任和建设性姿态，全方位参与各项议题谈判，为如期达成《巴黎协定》发挥关键作用。

法比尤斯表示：“2015年12月12日晚，我最终宣布《巴黎协定》通过。回想起那一刻，我永远不会忘记中国气候变化事务特别代表解振华竖起的大拇指和脸上的微笑。的确，中国为达成《巴黎协定》发挥了关键作用。”

2016年9月，习近平主席亲自交存中国批准《巴黎协定》的法律文书，推动《巴黎协定》快速生效，展示了中国应对气候变化的雄心和决心。

时任美国总统奥巴马和法国总统奥朗德分别给习近平主席致电，感谢中方为推动巴黎大会取得成功发挥的重要作用，强调如果没有中方的支持和参与，《巴黎协定》不可能达成。

在全球气候治理进程面临不确定性、多边主义受到挑战时，习近平主席多次表明中方坚定支持《巴黎协定》的态度。

习近平主席强调：“《巴黎协定》符合全球发展大方向，成果来之不易，应该共同坚守，不能轻言放弃。这是我们对子孙后代必须担负的责任！”这为推动全球气候治理指明了前进方向，注入了强劲动力。

截至2020年9月，联合国秘书长古特雷斯在与习近平主席的8次会见中，5次高度评价中国在应对气候变化国际合作中所发挥的重要作用、领导作用和表率作用。

2021年10—11月，《联合国气候变化框架公约》第二十六次缔约方大会（COP26）召开。

美国气候特使约翰·克里表示，此次会议是避免全球范围内环境灾难的“最后一次最佳机会”。

在大会召开前夕，中国发表《中国应对气候变化的政策与行动》白皮书，全景式介绍中国应对气候变化工作进程，全方位展示中国应对气候变化的相关经验和成效；

正式提交《中国落实国家自主贡献成效和新目标新举措》和《中国本世纪中叶长期温室气体低排放发展战略》，阐述中国履行《巴黎协定》的具体举措。

在大会开幕后举办的世界领导人峰会中，中方就“如何应对气候变化、推动世界经济复苏”这一时代课题提出建议，赢得国际社会广泛赞誉。

中方始终以建设性态度同有关各方积极沟通磋商。

2021年11月10日，中国和美国联合发布《中美关于在21世纪20年代强化气候行动的格拉斯哥联合宣言》。双方计划建立“21世纪20年代强化气候行动工作组”，推动两国气候变化合作和多边进程，有效提升了各方合力应对气候变化的信心。

30多年来，中国在国际气候变化谈判中完成了从参与者向引领者的华丽转身。

中国，正以其独特的智慧、诚意和担当，引领着全球气候治理进程不断向前迈进。

二、做气候治理的坚定践行者

习近平主席多次强调，应对气候变化不是别人要我们做，而是我们自己要做，既是中国可持续发展的内在需要，也是推动构建人类命运共同体的责任担当。

作为负责任的发展中大国，中国始终从全人类的共同利益出发，积极参与全球气候治理。

2009年，中国提出到2020年单位国内生产总值二氧化碳排放（碳强度）比2005年下降40%—45%等目标。

2015年，中国进一步提出到2030年左右二氧化碳排放达到峰值并争取尽早实现，以及一系列国家自主贡献目标。

2020年9月以来，习近平主席在多个国际场合再次宣布将提高国家自主贡献力度，采取更加有力的政策和措施。

“二氧化碳排放力争于2030年前达到峰值，努力争取2060年前实现碳中和。”

“到2030年，中国单位国内生产总值二氧化碳排放将比2005年下降65%以上，非化石能源占一次能源消费比重将达到25%左右，森林蓄积量将比2005年增加60亿立方米，风电、太阳能发电总装机容量将达到12亿千瓦以上。”

“中国将大力支持发展中国家能源绿色低碳发展，不再新建境外煤电项目。”

“中国将陆续发布重点领域和行业碳达峰实施方案和一系列支撑保障措施，构建起碳达峰、碳中和‘1+N’政策体系。”

一次次的重大宣示，充分彰显出中国应对气候变化的坚定决心。

碳达峰时间从“2030年左右”变成“2030年前”，几字之差，反映出的是一场深刻的变革、转型和创新，

从碳达峰到碳中和，欧盟用了71年，美国用了43年，日本用了37年。

而中国给自己规定的时间只有30年，欧盟、美国、日本所用的时间分别是中国的2.4倍、1.4倍和1.2倍。这意味着作为世界上最大的发展中国家，中国将完成全球最高碳排放强度降幅，用全球历史上最短的时间实现从碳达峰到碳中和。

同时，中国还面临着发展经济、改善民生、治理污染、保护生态等一系列艰巨任务。

这无疑是一场硬仗，需要中国做出艰苦卓绝的努力。

但中国积极应对气候变化的信念始终如一、行动坚定不移。

正如联合国前秘书长潘基文所评价的："中国为联合国事业作出的最重要贡献之一当属展现出应对气候变化的强烈决心。"

加强全球气候治理，需要雄心，更需要行动。

党的十八大以来，我国始终坚持实施积极应对气候变化国家战略，采取一系列有力举措。

加强顶层设计，不断加大应对气候变化力度。

不仅成立各级应对气候变化及节能减排工作领导小组，而且成立各级碳达峰碳中和工作领导小组；

不仅将应对气候变化纳入国民经济社会发展规划，而且建立应对气候变化目标分解落实机制；

不仅不断强化自主贡献目标，而且加快构建碳达峰碳中和"1+N"政策体系；

…………

中国正加快形成目标明确、分工合理、措施有力、衔接有序的政策体系和工作格局。

加大节能减排，坚定走好绿色低碳发展道路。

无论是实施减污降碳协同治理，还是加快形成绿色发展的空间格局；

无论是建立健全绿色低碳循环发展经济体系，还是坚决遏制高耗能高排放项目盲目发展；

无论是优化调整能源结构，还是强化能源节约与能效提升；

无论是有效控制重点工业行业温室气体排放，还是建立全国碳排放权交易市场（全国碳市场）；

…………

中国都将应对气候变化作为实现发展方式转变的重大机遇，逐渐探索出一条符合中国国情的绿色低碳发展道路。

提高适应能力，实施适应气候变化重大战略。

从编制《国家适应气候变化战略2035》到在《气候变化国家评估报告》中增设“气候变化的影响与适应”专卷；

从建设气候适应型城市试点到实施山水林田湖草生态保护修复工程试点；

从建立空天地一体化的自然灾害综合风险监测预警系统到实现基层气象防灾减灾标准化全国县（区）全覆盖；

从参与发起全球适应委员会到牵头设计“基于自然的解决方案”领域成果。

中国适应气候变化能力显著增强，监测预警和防灾减灾能力全面提升。

重视国际合作，共建全球气候治理多边体系。

在坚持多边主义、“共同但有区别的责任”等原则下，中国积极推动发起建立了“基础四国”部长级会议和气候行动部长级会议等多边磋商机制，积极协调“立场相近发展中国家”等应对气候变化谈判立场，为维护发展中国家团结、捍卫发展中国家共同利益发挥了重要作用。

秉持“授人以渔”理念，中国尽己所能帮助发展中国家提高应对气候变化能力。

2011年以来，中国累计安排约12亿元开展应对气候变化南南合作，与35个国家签署40份合作文件，为近120个发展中国家培训了约2000名应对气候变化领域的官员和技术人员。

从非洲的气候遥感卫星到东南亚的低碳示范区，再到岛屿国家的节能灯，中国应对气候变化南南合作成果看得见、摸得着、有实效。

英国巴斯市副市长余德烁表示，中国坚定不移走生态优先、绿色低碳的高质量发展道路，还将全球领先的清洁能源技术推广到许多发展中国家，为保护人类赖以生存的家园作出贡献。“中国行动将为全球实现《巴黎协定》目标注入强大动力。”

三、言必信、行必果

中国提前并超额完成了向国际社会承诺的2020年气候行动目标。

从“十五”到“十三五”，每五年我国能源活动的二氧化碳排放增量均有巨大降幅，基本扭转了二氧化碳排放快速增长的态势。

2019年中国碳强度较2005年下降了48.1%，2020年下降了48.4%，碳强度持续降低。

能源结构改革取得显著成果。2020年，中国非化石能源占能源消费比重达15.9%，比2005年大幅提升了8.5个百分点。中国煤炭占能源消费比重从2005年的72.4%下降至2020年的56.8%。

“相当于120座核电站。”

这是在2020年短短一年内，中国新增的可再生能源发电规模。其中，火力发电占比首次降至50%以下，风力发电创历史最高。

“中国目前的风电装机容量超过欧洲、非洲、中东和拉丁美洲的总和。”英国《金融时报》报道称。

在碳排放总量控制方面，2021年7月16日，全国碳市场鸣锣开市。

中国碳市场是全球覆盖温室气体排放量规模最大的碳市场，第一个履约周期纳入发电行业重点排放单位2162家，年覆盖的碳排放量超过45亿吨。截至2021年12月31日，全国碳市场碳排放配额累计成交1.79亿吨，累计成交金额76.61亿元，履约完成率99.5%（按履约量计），第一个履约周期顺利完成，对推动全球建设低碳社会发挥了积极作用。

法国尼斯欧洲研究所学者乔治·佐戈普鲁斯表示："全国碳排放权交易市场正式启动，标志着中国在应对气候变化方面又迈出了坚实的一步，具有深远意义。"

日本筑波大学名誉教授进藤荣一说，中国的做法再次表明，发展经济和保护环境可以相得益彰，值得其他国家学习借鉴。

通过创造性的制度设计，中国碳市场为其他发展中国家的碳交易模式提供了有益借鉴。

学习链接

中国碳市场建设

2011年以来，中国在全国7个省市开展碳排放权交易试点，试点范围内的碳排放总量和强度保持双降趋势。

在总结试点经验、借鉴有关国家和地区经验基础上，我国扎实推进全国碳市场建设各项工作。持续推进《碳排放权交易管理暂行条例》立法进程，积极推动建设全国碳排放权注册登记系统和交易系统。2020年底，生态环境部出台《碳排放权交易管理办法（试行）》，印发《2019—2020年全国碳排放权交易配额总量设定与分配实施方案（发电行业）》，公布发电行业（含自备电厂）重点排放单位名单，正式启动全国碳市场第一个履约周期。2021年3月以来，又陆续发布《企业温室气体排放报告核查指南（试行）》《企业温室气体排放核算方法与报告指南　发电设施》等技术规范和碳排放权登记、交易、结算三项管理规则，基本完成注册登记系统和交易系统建设，并组织做好配额预分配和系统运行测试。自2021年7月16日全国碳市场正式启动上线交易以来，总体运行平稳，有关重点排放单位积极参与。

同时，中国是全球森林资源增长最多和人工造林面积最大的国家、全球能耗强度降低最快的国家之一、新能源汽车生产和销售规模连续6年位居全球第一……并打造了一批具有国际先进水平的气候适应典型范例城市。

武汉市作为我国开展适应气候变化行动优秀案例入选全球适应委员会宣传视频；

陕西西咸新区沣西新城海绵城市试点建设获批联合国教科文组织全球生态水文示范点；

…………

在推动实现生态环境质量改善由量变到质变的过程中，中国经济也实现了跨越式发展。

2020年中国国内生产总值比2005年增长超4倍，取得近1亿农村贫困人口脱贫的巨大胜利，完成了消除绝对贫困的艰巨任务。

这一系列成绩的背后，是中国推动经济社会绿色低碳转型发展不断取得的新成就。

作为世界上最大的发展中国家，这些成就本身就是中国为全球应对气候变化所作出的重要贡献。

四、道阻且长，行将必至

应对气候变化是人类共同的事业。

正如习近平主席所说，气候变化是全球性挑战，任何一国都无法置身事外。

只有坚持绿色复苏的气候治理新思路，走绿色低碳发展和高质量发展之路，树立人与自然是生命共同体的理念，才能实现人与自然和谐共生，谋求人类永续发展。

中国一直是信守承诺的行动派。

在国内气候行动上，中国发扬“天人合一”思想，坚定走绿色低碳发展道路，向世界贡献充满智慧与力量的中国方案。

在全球气候治理中，中国赓续“天下大同”的传统文化基因，凝聚最大共识，维护共同利益，切实帮助其他发展中国家，不断推进全球气候治理体系向更加公平合理、合作共赢方向发展。

习近平主席指出：“作为全球治理的一个重要领域，应对气候变化的全球努力是一面镜子，给我们思考和探索未来全球治理模式、推动建设人类命运共同体带来宝贵启示。”

中国将继续以雄心和行动与世界各国并肩同行、携手合作，深入推进应对气候变化工作，全方位参与全球气候治理，持续开展应对气候变化南南合作，大力促进《巴黎协定》全面、平衡、有效实施，把一个清洁美丽的世界留给子孙后代，为推动人类可持续发展、共建人与自然生命共同体而不懈努力。

第四节 “绿色丝带”连山海

2013年秋天，习近平主席首倡共建“一带一路”，一时应者云集，全球为之瞩目，古老丝路就此焕发新光。

2015年3月，《推动共建丝绸之路经济带和21世纪海上丝绸之路的愿景与行动》发布，从历史深处走来的“一带一路”，书写起世界各国携手发展的崭新篇章。

“一带一路”不仅是经济繁荣之路，也是绿色发展之路。“一带一路”积极践行绿色发展理念，支持发展中国家能源绿色低碳发展，推动基础设施绿色低碳化建设和运营，加强生态环境治理、生物多样性保护和应对气候变化等领域合作。

在共建“一带一路”框架下，这条“绿色丝带”跨越山海、连接世界，把一个个绿色项目不断从愿景变为行动和成果，为推动全球生态文明建设作出实实在在的巨大贡献。

一、打造发展与保护协同典范

“眼中有花、窗外有绿；路景相融、一站一景。”全线开通的中老铁路，是中老友谊之路，也是一条绿色生态之路。工程成功绕避各类自然保护区核心区和环境敏感点，设置专门的动物迁移通道和防护栅栏，充分保护沿线的亚洲象、热带雨林等资源。

在共建“一带一路”合作过程中，中国始终践行绿色环保理念，尽可能减少项目对当地生态环境的影响。

亚马孙河为巴西提供了巨大的能源资源，但这一世界上流域面积最大的河流孕育的热带雨林却给电力传输竖起天然屏障：水电资源集中于巴西西北部的亚马孙河流域，用电负荷却跨过亚马孙雨林，集中在人口稠密的东南部和南部。

作为掌握全套特高压输电技术和装备制造的国家，中国和巴西合作建设了一条贯穿南北的“能源高速路”：巴西美丽山水电特高压直流送出一期和二期工程先后建成投运，里程数达到4500千米以上且沿途损耗极低，解决了巴西能源资源与需求的逆向分布困局。

分享先进技术，中国拿出最大的诚意；守护“绿色心脏”，中国报以最真的善意。美丽山二期项目跨越巴西5个州，81个城市，为避让自然保护区，光是塔位变更就有161处，异地恢复植被1100公顷。

以诚意和善意“授人以渔”，在保护中发展，在发展中保护。

在几内亚湾的加纳特马新集装箱码头，中国企业在附近设立海龟孕育中心；

在安第斯山脉，中国企业建设美纳斯水电站时开展动植物拯救计划；

在新加坡腾格水库的太阳能发电厂，中国企业坚持水质情况和生物多样性监测，有效保护饮用水源地；

…………

完善全球环境治理，中国牢固树立尊重自然、顺应自然、保护自然的意识，可持续发展模式持续造福共建“一带一路”的各国人民。

小小“中国草”，情牵万里长。

2021年11月19日，在第三次“一带一路”建设座谈会上，习近平总书记回忆起一件关于“中国草”的往事。

在福建工作期间，习近平接待了来访的巴布亚新几内亚东高地省省长拉法纳玛。“我向他介绍了菌草技术，这位省长一听很感兴趣。我就派《山海情》里的那个林占熺去了。”

如今，在遥远的大洋洲国家巴布亚新几内亚，这棵“神草”已经家喻户晓：它既能固碳，也可以绿化地面、改善水土流失，还可以代替树木栽培菌类，解决以往发展菌业的“菌林矛盾”难题。

当地人民将菌草称作“中国草”，还有人称它为“人类命运共同体草”。

距首次落地巴布亚新几内亚已20年有余，在习近平同志亲自关心和推动下，从福建出发的神奇“中国草”在100多个国家落地生根，给世界更多地方带去绿意和生机。

在斐济，菌草技术被誉为“岛国农业的新希望”；在卢旺达，贫困农户参与菌草生产后，每户每年收入增加了1倍到3倍；在马达加斯加等国，菌草被用来改善水土流失、治理荒漠化……越来越多的国家用菌草开辟出脱贫致富和环境保护的新路径。

习近平主席强调：“让绿色切实成为共建‘一带一路’的底色。”绿色“一带一路”就是要在“一带一路”倡议落实过程中，践行生态文明理念，保护好沿线国家赖以生存的共同家园。

实现经济发展与环境保护的双赢，为沿线国家人民带来长远的好处与实惠，绿色“一带一路”深得人心，必将继续助力沿线国家赢得清洁美丽繁荣的未来。

二、惠及全球生态环境治理

一颗“星”，在“咖啡故乡”预警气候灾变。

位于南北回归线间的热带，阳光强烈，气候炎热。在距地面600多千米的太空轨道，中国援助的气候遥感卫星，默默守护着“咖啡故乡”埃塞俄比亚。

咖啡种植是埃塞俄比亚许多家庭的经济支柱。科学家在英国《自然·植物》杂志发表论文警示说，在全球气候变化背景下，埃塞俄比亚现有种植区的39%至59%将不再适合种植咖啡。不过，如能及早采取相应措施来适应、缓解气候变化，当地适宜种植咖啡的区域面积则能提高至少4倍。

对埃塞俄比亚而言，应对气候变化关乎民生福祉。作为中国应对气候变化南南合作项目，2019年12月，中国无偿援助的微小卫星成功发射，获取农林水利、防灾减灾等领域多光谱遥感数据，预警气候灾变。

这颗“星”，帮助埃塞俄比亚在应对气候变化时趋利避害，下好“先手棋”，也为埃塞俄比亚咖啡种植“未雨绸缪”。

“一带一路”合作来到哪里，中国的生态治理经验与技术就带到哪里。

中国积极推进“一带一路”绿色发展国际联盟和生态环保大数据服务平台建设，和各国共同落实联合国2030年可持续发展议程。

截至2021年底，中国与28个国家共同发起“一带一路”绿色发展伙伴关系倡议；“一带一路”绿色发展国际联盟覆盖40多个国家的150余家中外方伙伴；“一带一路”生态环保大数据服务平台纳入100多个国家的生物多样性相关数据，120多个国家的环境官员、研究学者和技术人员2000余人次参加了绿色丝路使者计划……

无论是中国—东盟环境合作、澜沧江—湄公河环境合作，还是中国—中东欧国家合作、中国—非洲环境合作，生态文明建设合作都是重要内容。

坐落在“南美洲脊梁”安第斯山脉与太平洋之间的智利，拥有全球生物多样性最丰富的生态系统之一。然而，因为地形、气候和能源结构等多种因素，这个国家时常遭受雾霾困扰。

2018年底，一抹“中国红”成为智利首都圣地亚哥街头的独特风景，那是中国企业比亚迪和宇通生产的电动公交车，如今已在当地投放数百辆。智利总统亲自为它代言：“座椅非常舒适，（行驶）非常安静……最重要的是，它不污染环境。”

改善智利空气质量、缓解巴西环境污染、助力西班牙可持续发展、让芬兰居民更好享受绿色出行……从拉美到欧洲，中国新能源汽车出现在越来越多的城市路面上。

伊拉克境内的美索不达米亚平原，曾经孕育出人类四大古文明之一——两河文明，而荒漠化和土壤盐碱化让这片土地逐渐埋没于沙尘。荒漠化是气候变化的直接恶果之一，被称为“地球癌症”。

“我的梦想是把从中国学到的防治荒漠化经验移植到伊拉克，让沙漠变为绿洲。”参加中国防沙治沙国际培训班的伊拉克工程师说。

中国分享技术和经验，与“一带一路”的伙伴们一起守护文明摇篮，也一起“绿富同兴”：中国的节水梯田模式“拷贝”到埃及，在西奈半岛山区涵养水源；非洲“绿色长城”有中国技术支持，阻止撒哈拉沙漠南侵；尼泊尔南部的特莱平原，中国绿色化肥试验区促成小麦等农作物最高增产400%……中国助力“一带一路”国家“点荒变绿”。

一件件绿色礼物，在世界各地的山川河谷里装点四季。绿色“一带一路”是中国自身绿色发展理念的海外实践和主动作为，也为全球生态环境治理带来了勃勃生机。

三、点亮绿色低碳发展路

一座“岛”，在沙漠地带蓄积惠民的能量。

肯尼亚东北部，位于沙漠地带的加里萨郡，整齐密集的太阳能板如同一座座深蓝色的“能量之岛”，蓄积这里的太阳能惠及千家万户。这是东非最大光伏电站肯尼亚加里萨50兆瓦光伏发电站，由中企承建，有效缓解了肯尼亚“电荒”。

泰国，乌汶府诗琳通水库，也漂浮着这样的深蓝“岛屿”。那是中泰两国联合承建的诗琳通大坝综合浮体光伏项目，实现了浮体光伏与水电设备交替或同时发电，使可再生能源成功避开天气的不确定性从而长时间连续发电，每年减少约4.7万吨温室气体排放。

它们是“一带一路”合作中低碳能源项目的缩影。

在欧洲，匈牙利考波什堡光伏电站项目2021年5月正式投入运营；

在非洲，中国企业承建的赞比亚下凯富峡水电站首批机组已经投入运行；

在中亚，中哈合资建设的中亚最大风电项目——哈萨克斯坦扎纳塔斯风电项目全容量并网发电；

…………

近年来，中国太阳能光伏产品已出口到200多个国家和地区，风电整机制造占全球总产量超过40%。凭借世界领先的清洁能源技术，中国助力全球能源结构转型和绿色发展加速。

坚定走绿色、低碳、可持续发展之路，中国积极参与应对气候变化国际合作，推进共建绿色“一带一路”，为全球减碳目标贡献坚实力量。

学习数据

2021年1月，中国企业投资承建的阿根廷赫利俄斯风电项目群罗马布兰卡一期、三期项目正式投入商业运营，该项目群全部投产后预计每年将为当地提供16亿千瓦时清洁电力，每年可让阿根廷减少燃煤65万吨，碳排放减少180万吨。

2021年7月，中国企业承建的哈萨克斯坦图尔古孙水电站实现全部机组投产发电，装机容量24.9兆瓦，多年平均发电量可达7980万千瓦时，每年可减排约7.2万吨。

2021年12月，中国企业投资承建的克罗地亚塞尼风电项目正式投入运营，预计每年可贡献约5.3亿千瓦时绿色电力，减少二氧化碳排放约46万吨。

冰川地热圆绿梦。

远隔万里，靠近南极洲，如何参与“一带一路”合作？这个困扰阿根廷人许久的问题，在莫雷诺冰川脚下找到答案。

冰川是气候的产物，也指示着气候的变化。莫雷诺冰川是世界上仅有的3个总面积仍在增长的冰川之一，融水汇成圣克鲁斯河，一路从巴塔哥尼亚高原流向大西洋。

在圣克鲁斯河建造“世界最南端”的水电站，是阿根廷人半个世纪以来的梦想。2013年，中国企业揽下了“基塞”水电站建设重任。

实现梦想并不容易。项目现场终年寒冷，狂风不止，施工人员需要“全副武装”，甚至张口说话都会让嘴里灌进沙砾……

“基塞”水电站建成后，年均发电量可达49.5亿千瓦时，满足150万家庭日常用电，每年为阿根廷节省近11亿美元油气进口开支，还可以向邻国出口电力。

越靠近两极，气候越发寒冷，“一带一路”合作依然火热。

冰岛，这个欧洲最西北角大洋上的国家，地处亚欧板块与美洲板块交界处，拥有独特的能源：地热能。这是一种蕴藏在地壳之下的可再生能源，清洁低碳、分布广泛。

冰岛对地热的利用已有近百年历史，而中国也拥有丰富的地热资源。中国给冰岛提供了市场、资金和平台，让地热能的应用延伸到世界更多地方，两国也开展地热培训项目为国际社会培育专业人才。地热合作，已成为冰岛和中国在“一带一路”框架下的项目之一。

从技术交流到项目开发，中国与各国在“一带一路”中持续互学互鉴，不断分享先进技术和方案，为“一带一路”发展提供更加丰富多元的清洁能源与可持续发展思路。

随着共建绿色“一带一路”的持续推进，“一带一路”合作的绿色底色越发鲜亮。

后 记

生态文明建设是关系中华民族永续发展的根本大计。习近平总书记强调:“我们要加强生态文明建设,牢固树立绿水青山就是金山银山的理念,形成绿色发展方式和生活方式,把我们伟大祖国建设得更加美丽,让人民生活在天更蓝、山更绿、水更清的优美环境之中。”党的十八大以来,在以习近平同志为核心的党中央坚强领导下,在习近平生态文明思想的科学指引下,全国人民凝心聚力,坚定不移走绿色发展之路,人与自然和谐共生的美丽中国正在从蓝图变为现实。

鉴往知来。为记录新时代,讴歌新时代,深入宣传贯彻习近平生态文明思想,提高社会各界生态文明意识,深入推进美丽中国建设,以实际行动迎接党的二十大胜利召开,人民日报出版社委托习近平生态文明思想研究中心(生态环境部环境与经济政策研究中心),编写《美丽中国》一书。全书围绕美丽中国建设的指导思想以及环境治理、绿色发展、生态保护、制度文化建设、全球合作等重点领域,从思想之美、民生之美、绿色发展之美、自然之美、生态善治之美、生态人文之美、文明智慧之美等角度,深入解析了美丽中国的内涵与成就。全书力图通过故事化的叙述形式,点面结合、述评结合,全面阐释介绍习近平生态文明思想的精神实质、核心要义和实践要求,全景式、生动化地展示党的十八大以来我国生态文明建设取得的历史性成就、发生的历史性变革。

《美丽中国》是一本面向社会大众的学习、宣传、教育读物。为给广大党员干部群众提供权威、规范、生动的解读，习近平生态文明思想研究中心抽调各领域业务骨干组成编写组，并多次与人民日报出版社沟通编写注意事项，完善书稿内容。参加本书写作和修改的主要人员还有：俞海、张强、宁晓巍、周楷、侯东林、郭林清、崔奇、姜现、和夏冰、黄炳昭、郝亮、王鹏、赵梦雪。在编写过程中，本书得到了生态环境部和人民日报出版社给予的大力支持。在此，谨对所有给予本书帮助支持的单位和同志表示衷心感谢。

党的十九届六中全会通过的《中共中央关于党的百年奋斗重大成就和历史经验的决议》强调，要坚持人与自然和谐共生，协同推进人民富裕、国家强盛、中国美丽。建设美丽中国的使命光荣地落在了我们这代人肩上。我们坚信，只要有以习近平同志为核心的党中央坚强领导，有习近平生态文明思想的科学指引，美丽中国目标必然会实现。我们希望通过本书向美丽中国的建设者、奋斗者致敬，期望本书能够为早日实现美丽中国提供助力。

全书以《人民日报》和《人民日报海外版》有关报道为主要参考资料，辅以求是等权威媒体报道以及生态环境部有关文件、报告等资料，同时也结合了我们自己的理解和认识。

由于水平有限，书中难免有疏漏和不足之处，敬请广大读者对本书提出宝贵意见。

钱　勇

2022年3月

参考文献

［1］习近平.关于《中共中央关于全面深化改革若干重大问题的决定》的说明［J］.求是，2013（22）.

［2］习近平.中共中央《关于全面推进依法治国若干重大问题的决定》［J］.求是，2014（21）.

［3］孙金龙，黄润秋.加强生物多样性保护　共建地球生命共同体［J］.求是，2021（21）.

［4］孙金龙.肩负起新时代建设美丽中国的历史使命［J］.求是，2022（4）.

［5］杨洁篪.五十年深化同联合国合作　协力构建人类命运共同体［J］.求是，2021（21）.

［6］《求是》杂志社，中共浙江省杭州市委联合调研组.美丽中国的杭州风景［J］.求是，2021（9）.

［7］步雪琳.未来的生态环境志愿者［J］.环境经济，2021（23）.

［8］高质量发展绘宏图［J］.求是，2022（04）.

［9］郭斐然，秋菊.三江源头涌春潮［J］.求是，2022（5）.

［10］李高.全球气候治理的"中国贡献"［J］.时事报告，2021（6）.

［11］梁佩韵，侯亚景.荒漠化防治的中国道路［J］.求是，2020（19）.

[12] 邢慧娜，黄润秋.推动生态环境质量持续好转——生态环境部部长黄润秋国新办新闻发布会答记者问 [J].环境经济，2021（16）.

[13] 习近平.之江新语 [M].杭州：浙江人民出版社，2013.

[14] 中华人民共和国国务院新闻办公室.青藏高原生态文明建设状况 [M].北京：人民出版社，2018.

[15] 中华人民共和国国务院新闻办公室.中国的生物多样性保护 [M].北京：人民出版社，2021.

[16] 中华人民共和国国务院新闻办公室.中国应对气候变化的政策与行动 [M].北京：人民出版社，2021.

[17] 中华人民共和国外交部条约法律司.中国国际法实践案例选编 [M].北京：世界知识出版社，2018.

[18] 张海滨.全球气候治理的中国方案 [M].北京：五洲传播出版社，2021.

[19] "开明睿智才能进一步海纳百川"——"习近平在上海"系列报道之二 [N].新民晚报，2017-09-27（01）.

[20] "昆明宣言"：凝聚共识　探索路径 [N].新华每日电讯，2021-10-14（02）.

[21] "人民对美好生活的向往，就是我们的奋斗目标"——"十个明确"彰显马克思主义中国化新飞跃述评之三 [N].光明日报，2022-02-16（02）.

[22] "陕西要有勇立潮头、争当时代弄潮儿的志向和气魄"——习近平总书记陕西考察纪实 [N].解放军报，2020-04-25（01）.

[23] "习近平同志指示把长汀建设成为环境优美、山清水秀的生态县"——习近平在福建（二十五）[N].学习时报，2020-08-12（03）.

[24]《中共中央　国务院关于全面加强生态环境保护　坚决打好污染防治攻坚战的意见》发布 [N].中国环境报，2018-06-25（01）.

[25] 乘风破浪开新局——以习近平同志为核心的党中央引领

“十四五”稳健开局纪实［N］.人民日报，2021-08-15（01）.

［26］从“美”字看为人民谋幸福的经济学——习近平经济思想的生动实践述评之一［N］.人民日报，2021-12-05（01）.

［27］从“协”字看发展方式之变有改动［N］.人民日报，2021-12-07（12）.

［28］大湖见证——长三角三大淡水湖绿色发展之路［N］.新华每日电讯，2019-12-29（04）.

［29］大熊猫国家公园里的自然教育：把课堂搬进森林［N］.四川日报，2021-08-29（04）.

［30］第四批全国环保设施和城市污水垃圾处理设施向公众开放单位名单公布［N］.中国环境报，2021-01-06（01）.

［31］丁玫，徐海波，潘德鑫.从“靠山吃山，靠水吃水”到守望“绿水青山”［N］.新华每日电讯，2019-02-01（07）.

［32］樊曦，周圆.更环保、更绿色 我国推动绿色低碳出行［N］.经济参考报，2021-11-11（06）.

［33］风好正是扬帆时奋楫逐浪天地宽——京津冀协同发展迈向更高水平综述［N］.光明日报，2021-02-26（01）.北京空气质量首次全面达标［N］.北京晚报，2022-01-04（02）.

［34］高敬.共同建设更加美好的世界——聚焦我国首部生物多样性保护白皮书［N］.中国政协报，2021-10-08（02）.

［35］高天厚土铺展大美画卷——习近平总书记考察青海纪实［N］.人民日报，2021-06-11（01）.

［36］共建通向共同繁荣的机遇之路——习近平总书记谋划推动共建“一带一路”述评［N］.人民日报，2021-11-19（01）.

［37］胡璐，高敬，王立彬，张玉洁，余里.这条划在版图上的红线，守护着美丽中国［N］.新华每日电讯，2021-09-20（01）.

［38］黄浩涛.生态兴则文明兴　生态衰则文明衰——系统学习习近平

总书记十八大前后关于生态文明建设的重要论述［N］.学习时报，2015-03-30（01）.

［39］绘就新时代美丽乡村新画卷——习近平总书记关心推动浙江“千村示范、万村整治”工程纪实［N］.人民日报，2018-04-24（02）.

［40］加强生态空间共保，推动环境协同治理——生态环境部有关负责人就《长江三角洲区域生态环境共同保护规划》答记者问［N］.中国环境报，2021-01-15（01）.

［41］建设“美丽湾区”：粤港澳三地协同打造生态保护屏障［N］.经济参考报，2019-03-20（05）.

［42］开创生态文明新局面［N］.人民日报，2017-08-03（01）.

［43］李凤双，张涛，齐雷杰.“瓣瓣同心”向阳开——习近平总书记谋划推动京津冀协同发展谱写新篇章［N].中国青年报，2021-10-20(01).

［44］李曦子.COP26：“最后一次最佳机会”（国际派）［N］.国际金融报，2021-11-01（01）.

［45］李晓东，等.长江经济带：谱写生态优先绿色发展新篇章［N］.光明日报，2021-04-21（05）.

［46］六部门发布行动计划　提升公民生态文明意识［N］.解放军报，2021-03-02（03）.

［47］吕铁，刘丹.我国制造业高质量发展的基本思路与举措［N］.经济日报，2019-04-18.

［48］齐中熙，高敬，赵文君，王雨萧.从“协”字看发展方式之变——习近平经济思想的生动实践述评之四［N］.人民日报，2021-12-08（02）.

［49］郄建荣.中国为全球气候治理注入强大动力［N］.法治日报，2020-11-09（02）.

［50］全球气候治理的中国方案［N］.光明日报，2021-11-03（10）.

［51］全省PM2.5年均浓度实现八连降［N］.新华日报，2022-01-18（02）.

［52］沈锡权，许舜达，陆华东．“吴根越角”治水记［N］．新华每日电讯，2020–10–22（04）．

［53］慎海雄，何玲玲，张乐．十年接力绘美丽浙江 生态红利惠千万群众——“绿水青山就是金山银山”在浙江的探索和实践［N］．人民日报，2015–03–01．

［54］首个跨省流域生态补偿试点两轮新安江成为水质最好河流之一［N］．新华每日电讯，2018–08–02（02）．

［55］万类霜天竞自由——写在《生物多样性公约》缔约方大会第十五次会议开幕之际［N］．人民日报，2021–10–11（04）．

［56］王丁，张兴军．让黄河成为造福人民的幸福河——习近平总书记谋划推动黄河流域生态保护和高质量发展谱写新篇章［N］．新华每日电讯，2021–10–24（01）．

［57］为了美丽的绿水青山——习近平总书记考察生态文明建设回访［N］．光明日报，2019–08–26（01）．

［58］西藏绿色发展格局初步形成［N］．人民日报海外版，2021–08–03（02）．

［59］习近平生态文明思想造福中国光耀世界［N］．云南日报，2021–10–12（01）．

［60］习近平作出重要指示强调 坚决制止餐饮浪费行为切实培养节约习惯 在全社会营造浪费可耻节约为荣的氛围［N］．人民日报，2020–08–12（01）．

［61］谢良，石志勇，初杭，张斌．建设人与自然和谐共生的美丽家园——习近平生态文明思想基层生动实践新观察［N］．河北日报，2021–08–03（04）．

［62］杨舒．生态环境部．美丽中国建设迈出重大步伐［N］．光明日报，2022–02–28（04）．

［63］张蕾．推动中央生态环境保护督察向纵深发展——解读《中央生

态环境保护督察工作规定》[N] .光明日报，2019-06-28（10）.

［64］张政，刘文嘉，高建进.滴水穿石三十年——福建宁德脱贫纪事［N］.光明日报，2018-05-31（01）.

［65］长江经济带发展取得历史性成就［N］人民日报，2021-01-06（02）.

［66］中国引领全球气候治理［N］.经济日报，2016-11-15（01）.

［67］中央宣传部授予甘肃省古浪县八步沙林场“六老汉”三代人治沙造林先进群体“时代楷模”称号［N］.人民日报，2019-03-30（04）.

［68］“恐龙”在联合国“发言”呼吁人类不要自我灭绝［EB/OL］.（2021-10-28）https://content-static.cctvnews.cctv.com/snow-book/index.html?item_id=3204100274824611718.

［69］“世界怎么了，我们怎么办”总书记指明了方向［EB/OL］.（2021-10-25）http://www.xinhuanet.com/politics/leaders/2021-10/25/c_1127992992.htm.

［70］保护生物多样性　绘就促进“人与自然和谐共生”新图景［EB/OL］. 人 民 网，（2021-10-12）http://finance.people.com.cn/n1/2021/1011/c1004-32249108.html.

［71］福建：环境信用随时评　守信企业获益多［EB/OL］.（2019-09-24）http://www.gov.cn/xinwen/2019-09/24/content_5432615.htm.

［72］给地球系上“绿”丝带——推进全球环境治理的绿色“一带一路 ”［EB/OL］.（2021-11-19）https://politics.gmw.cn/2021-11/19/content_35324984.htm.

［73］共建地球生命共同体：生态系统保护与恢复的中国经验［EB/OL］.（2021-02-24）https://cn.chinadaily.com.cn/a/202010/12/WS5f83b9c8a3101e7ce9728994.html.

［74］国际锐评评论员.构建地球生命共同体“中国主张”指明方向贡献力量［EB/OL］.（2021-10-13）http://m.news.cctv.com/2021/10/12/ARTIzIttehg

2gNqh5yXB4Pyt211012.shtml.

［75］国新办举行“十三五”生态环境保护工作新闻发布会［EB/OL］.（2020-10-21）http://www.scio.gov.cn/xwfbh/xwbfbh/wqfbh/42311/44005/wz44008/Document/1690011/1690011.htm.

［76］京津冀协同发展统计监测协调领导小组办公室.京津冀区域发展指数稳步提升［EB/OL］.（2021-12-20）http://www.gov.cn/shuju/2021-12/21/content_5663529.htm.

［77］累计成交额76.61亿元！生态环境部：全国碳市场第一个履约周期顺利完成［EB/OL］.（2022-01-24）http://finance.people.com.cn/n1/2022/0105/c1004-32324789.html.

［78］联合国环境规划署.与自然和平相处［R/OL］.（2021-02-18）https://wedocs.unep.org/xmlui/bitstream/handle/20.500.11822/34948/MPN_ch.pdf.

［79］美丽中国·绿色冬奥专场新闻发布会［EB/OL］.（2022-02-19）https://www.mee.gov.cn/ywdt/zbft/202202/t20220218_969443.shtml.

［80］破解公益诉讼案件诸多难——最高检、生态环境部等部门联合印发意见加强检察公益诉讼协作配合［EB/OL］.（2019-01-22）http://www.gov.cn/xinwen/2019-01/22/content_5360247.htm.

［81］七部委发布《关于构建绿色金融体系的指导意见》［EB/OL］.（2016-09-01）http://www.scio.gov.cn/32344/32345/35889/36819/xgzc36825/Document/1555348/1555348.htm.

［82］骑行、打卡公交……这个月，你绿色出行了吗？［EB/OL］.（2020-09-28）http://www.xinhuanet.com/2020-09/28/c_1126551034.htm.

［83］求是网评论员.共建地球生命共同体［EB/OL］.（2021-10-14）http://www.qstheory.cn/wp/2021-10/13/c_1127954742.htm.

［84］全国检察机关近3年办理生态环境资源领域公益诉讼案件近2万件［EB/OL］.（2018-06-05）www.xinhuanet.com/2018-06/05/c_1122939359.

htm.

[85] 让生态文明成为身边的文明 [EB/OL] . (2021-07-12) http://www.xinhuanet.com/comments/2021-07/12/c_1127645697.htm.

[86] 山东推进企业环境信用体系建设　设立“黑名单”制度 [EB/OL] . (2021-01-05) http://www.gov.cn/xinwen/2021-01/05/content_5577270.htm.

[87] 生态环境部：“十四五”期间着力推动构建生态环境治理全民行动体系 [EB/OL] . (2020-11-13) https://www.chinanews.com.cn/gn/2020/11-05/9331293.shtml.

[88] 生态环境部召开1月例行新闻发布会 [EB/OL] . (2022-1) https://www.mee.gov.cn/ywdt/zbft/202201/t20220124_968094.shtml.

[89] 苏州市园林和绿化管理局（林业局）. 苏州市湿地保护年报2021 [R/OL] .http://ylj.suzhou.gov.cn/szsylj/sdnb/202202/f73dd3233bd54b6c84243858e30c7c0b/files/afbda952f445489283bfdfc209a456e2.pdf.

[90] 推动长江经济带发展领导小组办公室. 推动长江经济带发展战略基本情况 [EB/OL] . (2019-07-13) https://cjjjd.ndrc.gov.cn/zoujinchangjiang/zhanlue/.

[91] 我国推动建立太湖流域生态保护补偿机制 [EB/OL]. (2022-02-01) 新华网，http://www.news.cn/politics/2022-02/01/c_1128320703.htm.

[92] 习近平提出的这个“共同体”，内涵丰富 [EB/OL] . (2021-10-14) http://www.news.cn/politics/xxjxs/2021-10/13/c_1127954156.htm?spm=zm5129-001.0.0.1.QxlIrz.

[93] 习近平与古特雷斯的八次会见和一次通话都谈了这些大事 [EB/OL] . (2020-09-25) http://m.cnr.cn/news/20200926/t20200926_525277559.html.

[94] 辛岳. 国际观察：为全球气候治理贡献中国力量 [EB/OL] . (2021-11-03) http://world.people.com.cn/n1/2021/1103/c1002-32272626.html.

［95］扬“齿”立威治污减排——写在新环保法实施一周年之际［EB/OL］.（2015-12-31）http://www.gov.cn/xinwen/2015-12/31/content_5029908.htm.

［96］应对气候变化，习近平阐述“中国策”［EB/OL］.（2021-11-02）http://www.qstheory.cn/zhuanqu/2021-11/02/c_1128023752.htm.

［97］这项低碳生活新时尚你跟上了吗？［EB/OL］.（2020-01-02）http://www.xinhuanet.com/2020-01/02/c_1125414809.htm?spm=C73544894212.P99790479609.0.0.

［98］中国汽车工业协会.2021年汽车工业经济运行情况.［R/OL］.（2022-01-12）http://www.caam.org.cn/chn/5/cate_29/con_5235337.html.

［99］中国是地球命运共同体的坚定维护者［EB/OL］.（2020-10-01）http://opinion.haiwainet.cn/n/2020/1001/c353596-31888267.html.

［100］重返联合国50年　中国交上了一份令世界满意的答卷［EB/OL］.（2021-10-18）http://m.news.cctv.com/2021/10/17/ARTI7jo0PNZrBYQFsCbUCNnB211017.shtml.